主　编：赵秀琴　毛会玉
副主编：虞正鹏　陈建武

华中师范大学出版社

内容提要

本习题集是《工程制图》(毛会玉、赵秀琴主编)教材的配套用书。

本习题集共分10章,内容包括制图的基本知识、投影基础、基本体及其表面交线、轴测图、组合体、机件常用表达方法、标准件、零件图、装配图、计算机绘图基础。

本习题集可供高等学校非机械类理工科专业本科生的教学使用,也可作为高职高专、函授、电大或其他类型学校有关专业的教学用书,还可作为相关工程技术人员的参考资料。

图书在版编目(CIP)数据

工程制图习题集/赵秀琴,毛会玉主编. —武汉:华中师范大学出版社,2015.2(2022.8重印)
ISBN 978-7-5622-6882-6

Ⅰ.①工… Ⅱ.①赵… ②毛… Ⅲ.①工程制图—高等学校—习题集 Ⅳ.①TB23-44

中国版本图书馆CIP数据核字(2014)第290613号

工程制图习题集
©赵秀琴 毛会玉 主编

编辑室:高等教育分社 **电话**:027—67867364
责任编辑:张晶晶 **责任校对**:罗 艺 **封面设计**:胡 灿
出版发行:华中师范大学出版社有限责任公司
社址:湖北省武汉市洪山区珞喻路152号 **邮编**:430079
销售电话:027—67861549
网址:http://press.ccnu.edu.cn **电子信箱**:press@mail.ccnu.edu.cn
督印:刘 敏 **印刷**:武汉兴和彩色印务有限公司
开本:787mm×1092mm 1/16 **印张**:9.25 **字数**:125千字
版次:2015年2月第1版 **印次**:2022年8月第3次印刷
印数:3501—5500 **定价**:28.00元

欢迎上网查询、购书

前　　言

随着我国高等教育教学改革的不断深入，各高校的课程体系、教学内容和教学方法及手段都发生了深刻的变化。为此，根据最新修订的“普通高等院校工程图学课程教学基本要求”的精神，作者结合多年的教学经验及各高校相关专业教学改革的经验，编写了本习题集。

本习题集具有以下特点：

1. 采用最新《技术制图》和《机械制图》国家标准。

2. 所选题目难度适当，成梯度排列，利于学生循序渐进地练习。

3. 针对同一类知识点，列举了类似的习题做对比，便于学生开阔思路，类比学习。

4. 习题针对性强，便于教师布置作业及学生辅助练习。

5. 适当增加了选择题和改错题，利于学生空间思维和创新能力的培养。

6. 内容体系的安排与同期出版的毛会玉、赵秀琴主编《工程制图》教材保持一致，互相融合。体系知识结构紧凑全面，内容实用精炼。

本书由赵秀琴、毛会玉主编。其中赵秀琴编写第 3、4、6 章，毛会玉编写第 1、2、5 章，虞正鹏编写第 7、8、9 章，陈建武编写第 10 章。

本书在编写过程中参考了大量优秀资源，在此对给予我们支持的专家学者表示诚挚的感谢！

由于编者水平有限，书中难免存在错误和不妥之处，恳请广大读者批评指正。

编　者

2015 年 2 月

目　　录

第一章　制图的基本知识

1-1　字体练习

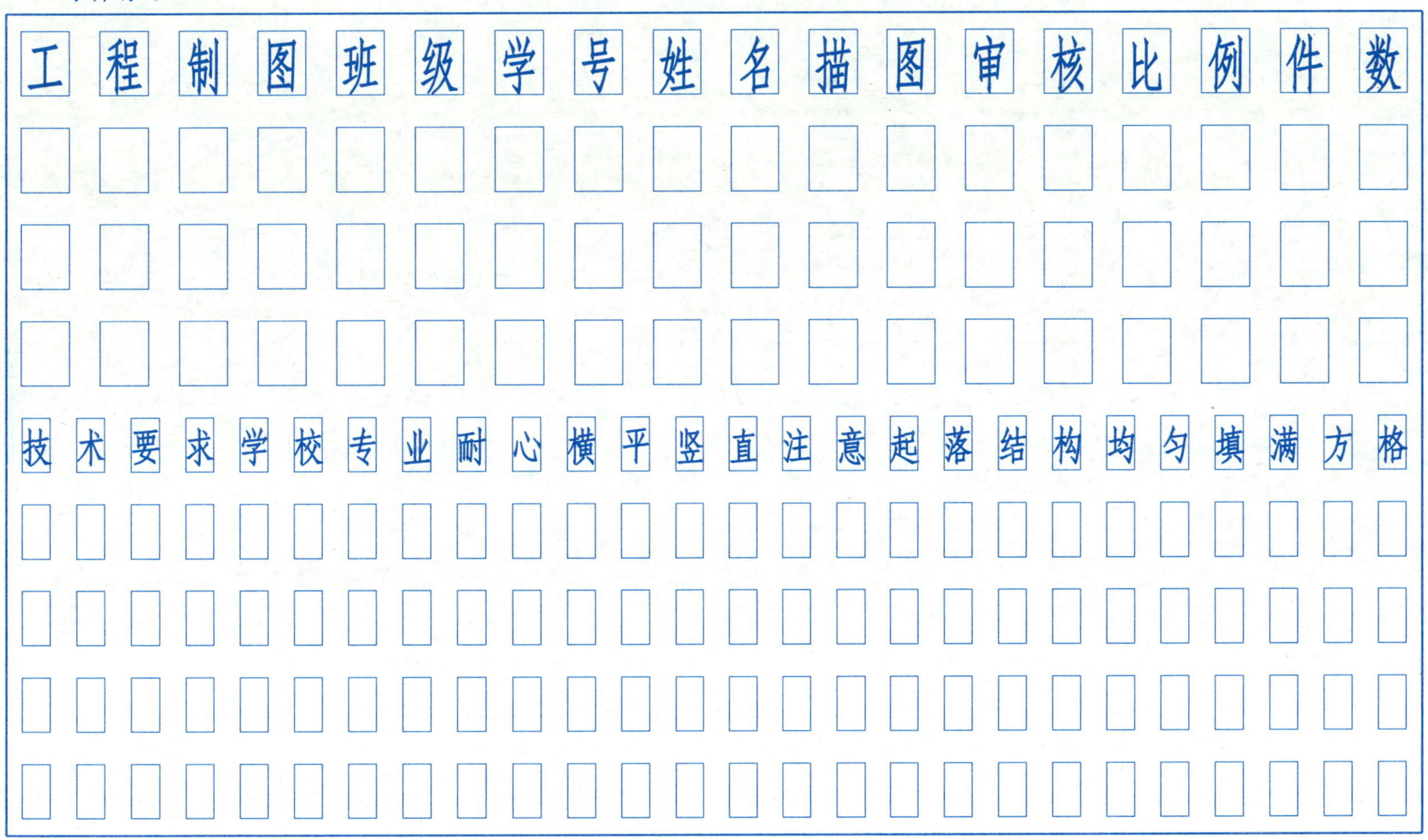

班级____________　　姓名____________　　学号____________

一、作图目的

1. 熟悉《机械制图》国家标准中的图纸幅面及格式、比例、字体、图纸及尺寸注法。

2. 掌握绘图仪器及工具的正确使用方法。

二、作图内容及要求

1. A4 图纸，比例 1∶1，按尺寸绘出图形，标注尺寸，图纸竖放。

2. 作图正确，线型规范，字体工整，图面整洁。

三、绘图步骤

1. 将图纸平放，用透明胶带固定在图板上。

2. 在图纸上画出标准图幅、图框线、标题栏。

3. 布置图纸。根据图的大小，将图形合理布置在图纸上，先画出主要点画线以确定图的位置。

4. 用细线完成底稿。

5. 仔细检查并加深，加深粗实线用 HB 或 B 型铅笔，加深细实线、虚线和点画线用 H 或 HB 型铅笔。

四、注意事项

1. 做好绘图前的准备工作。

2. 各种图线必须符合国家标准的规定，同类图线必须一致，粗实线的宽度宜采用 0.7 mm。

3. 点画线的长画与短画要一次画出，注意点画线超出轮廓线的长度 2 mm～5 mm。

4. 各种图线的相交要符合国家标准的规定。

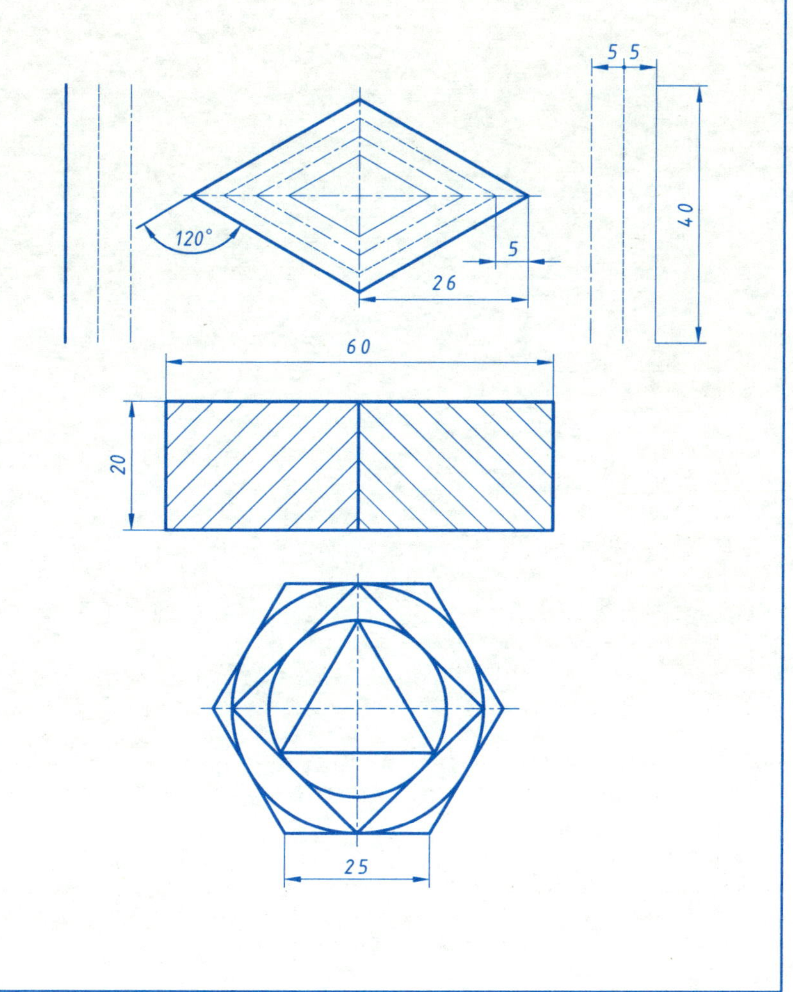

班级＿＿＿＿＿＿　　姓名＿＿＿＿＿＿　　学号＿＿＿＿＿＿

1-3　线段连接：完成下列图形的线段连接，比例 1∶1，标注出圆心和切点。

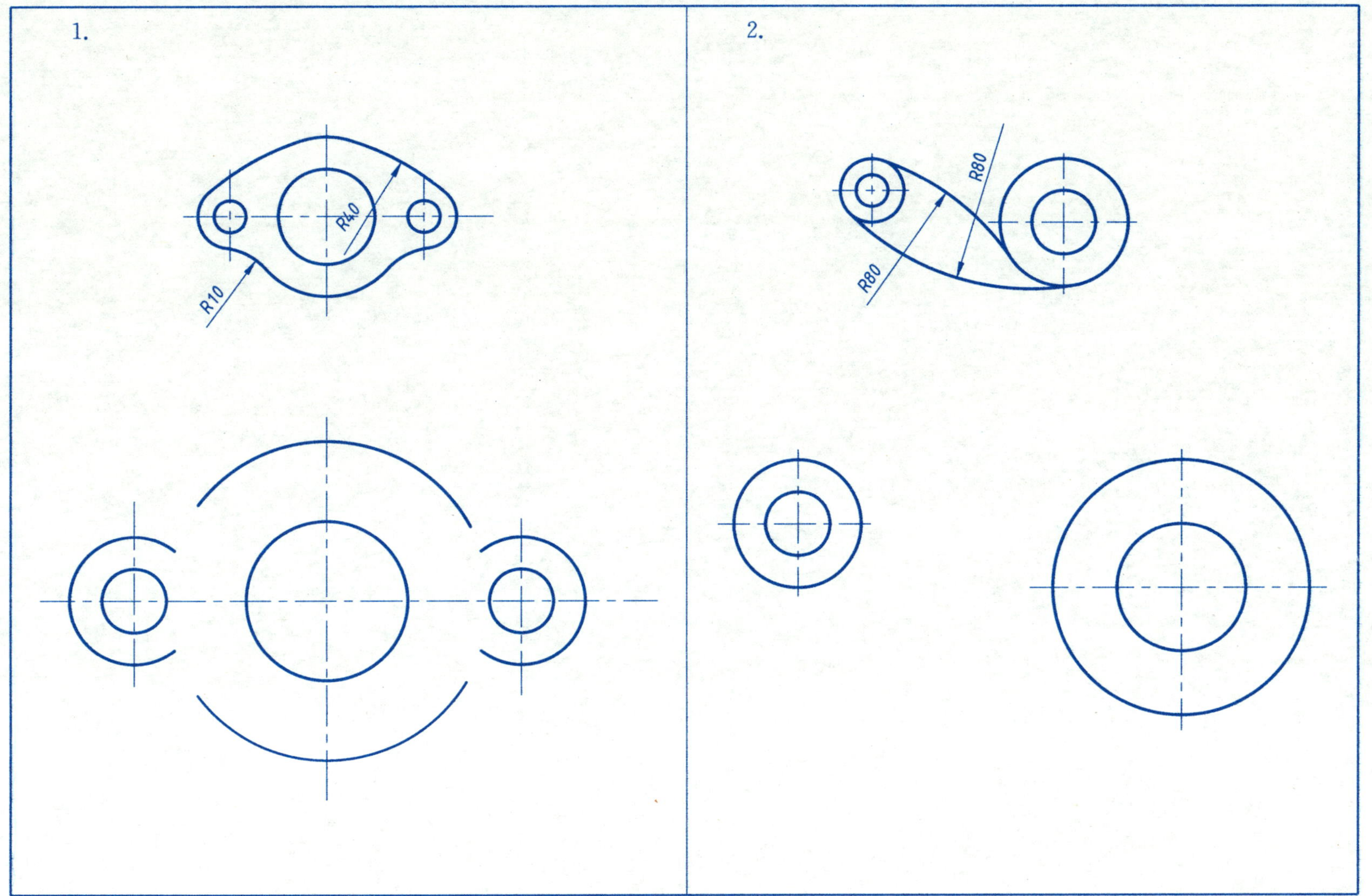

班级＿＿＿＿＿＿　姓名＿＿＿＿＿＿　学号＿＿＿＿＿＿

一、作图目的

1. 熟悉《机械制图》国家标准中的图纸幅面及格式、比例、字体、图纸及尺寸注法。

2. 掌握线段连接技巧。

二、作图内容及要求

1. A4 图纸，比例自定，按尺寸绘出图形，标注尺寸。

2. 作图正确，线型规范，字体工整，图面整洁。

三、绘图步骤

1. 将图纸平放，用透明胶带固定在图板上。

2. 在图纸上画出标准图幅、图框线、标题栏。

3. 布置图纸。根据图的大小，将图形合理布置在图纸上，先画出主要点画线以确定图的位置。

4. 用细线完成底稿。

5. 仔细检查并加深，加深粗实线用 HB 或 B 型铅笔，加深细实线、虚线和点画线用 H 或 HB 型铅笔。

四、注意事项

1. 做好绘图前的准备工作，分析平面图形的尺寸，确定线段性质。

2. 圆弧应先作出圆心和切点，再作圆弧。

3. 注意轮廓线与作图辅助线的区别。

4. 各种图线的相交要符合国家标准的规定。

1.

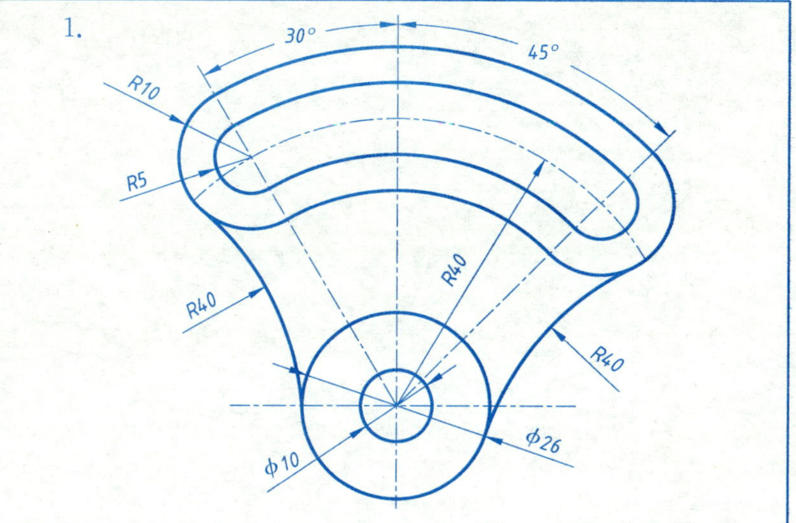

2.

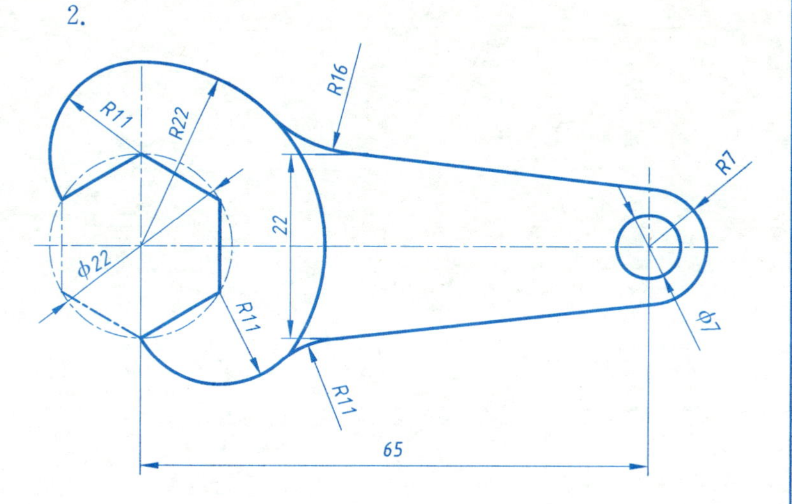

班级＿＿＿＿＿＿　姓名＿＿＿＿＿＿　学号＿＿＿＿＿＿

1. 起重钩

2. 挂衣钩

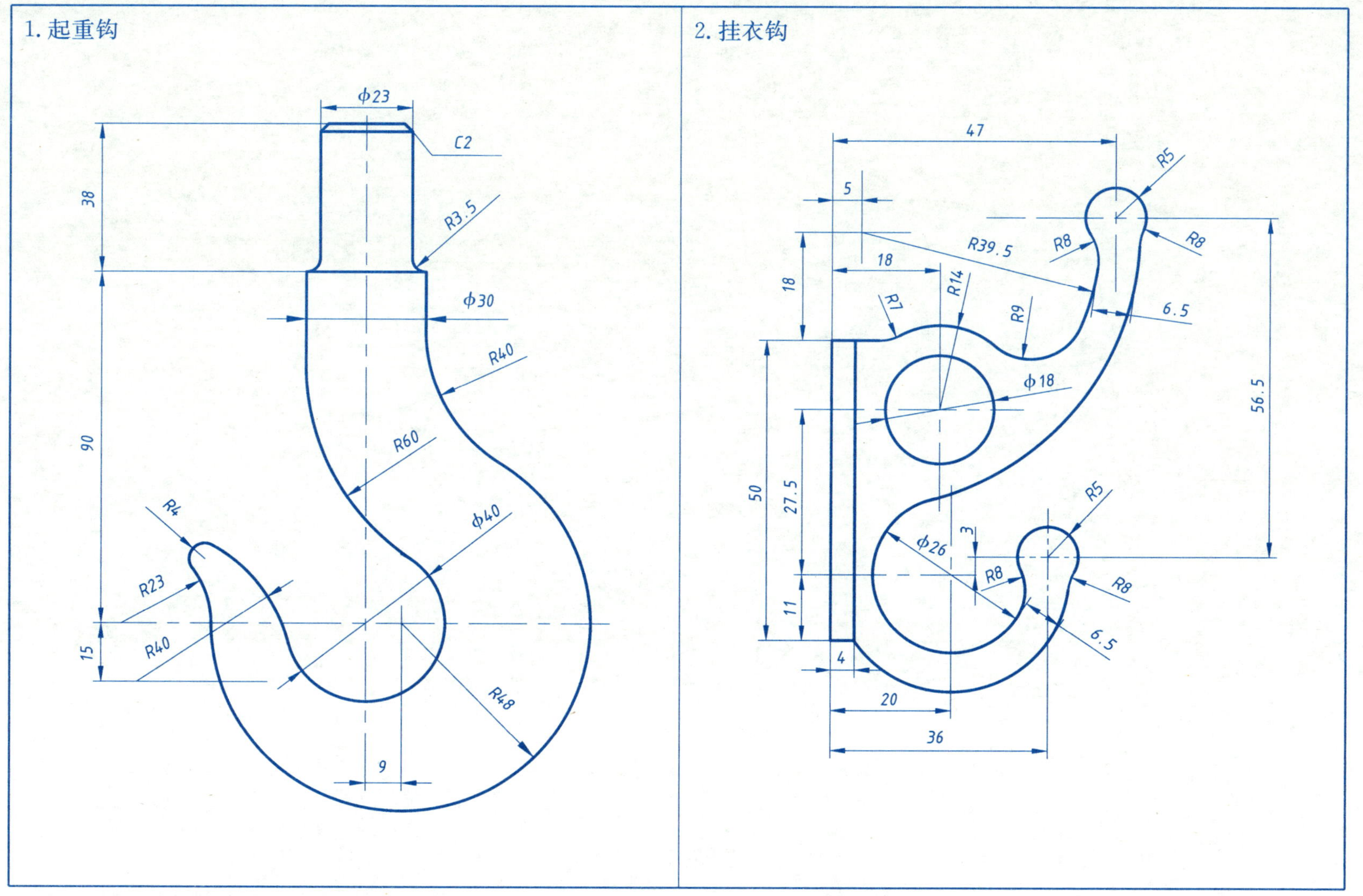

班级＿＿＿＿ 姓名＿＿＿＿ 学号＿＿＿＿

第二章　投影基础

2-1　根据立体图，找出相应的三视图：在括号内填写相应编号。

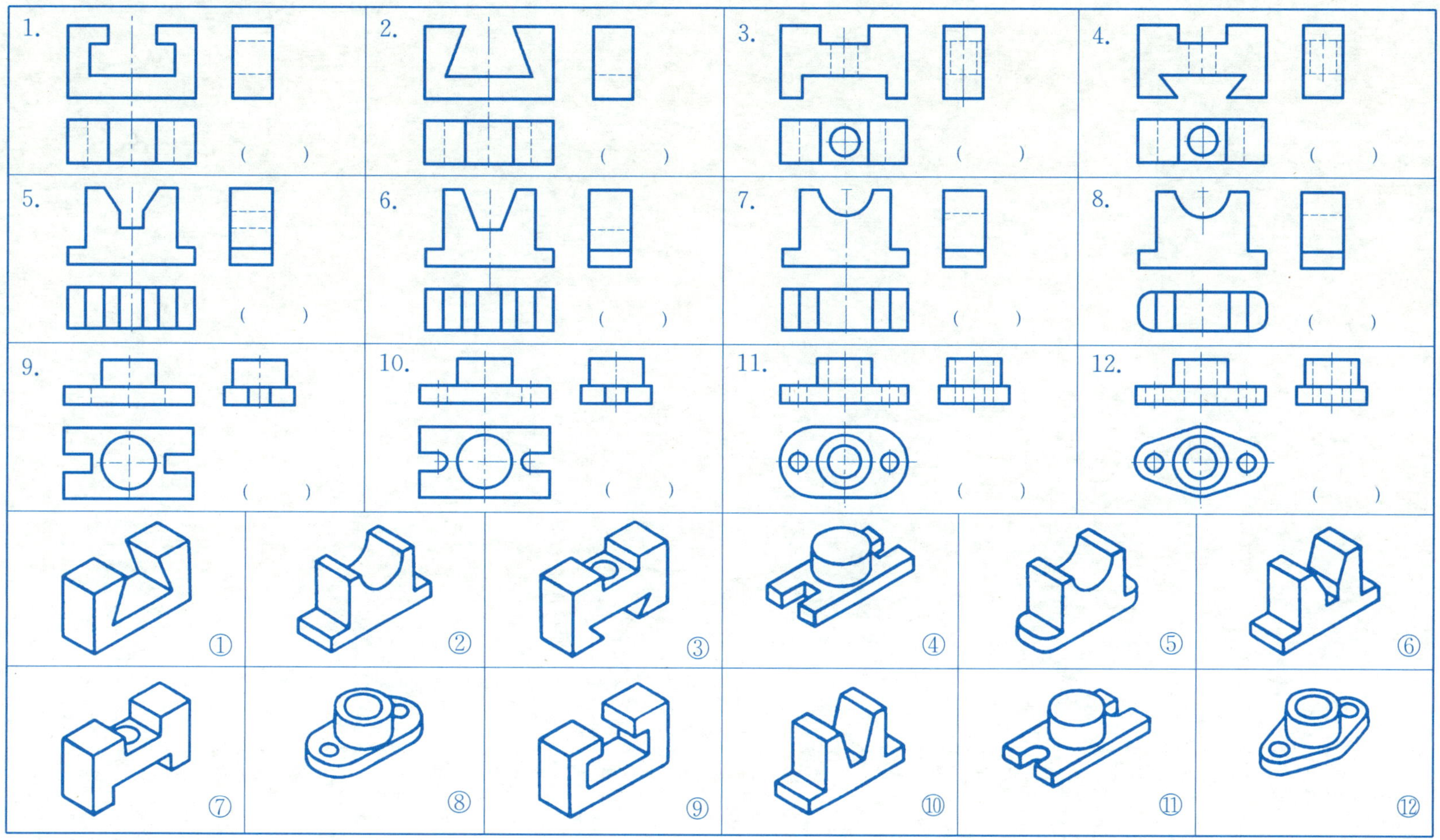

班级＿＿＿＿＿＿　姓名＿＿＿＿＿＿　学号＿＿＿＿＿＿

2-2　根据立体图和已知的两视图，画出第三视图

1.

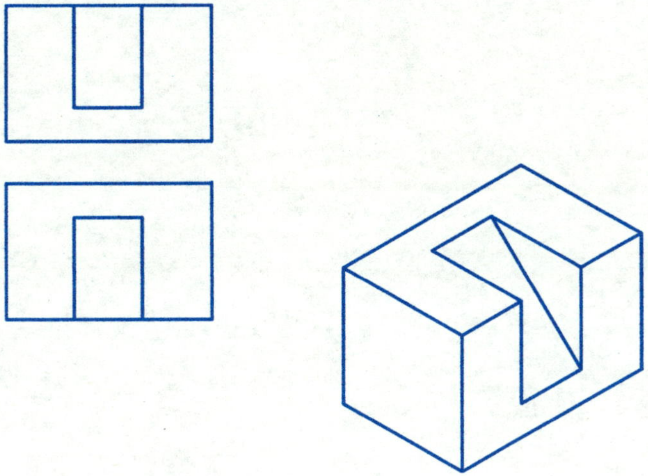

2.

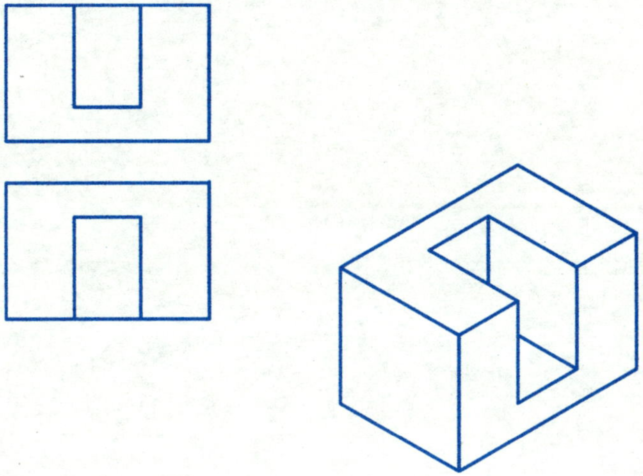

3.

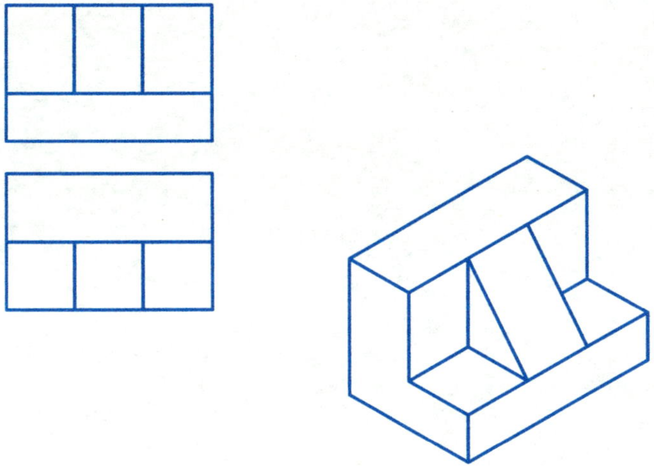

4.

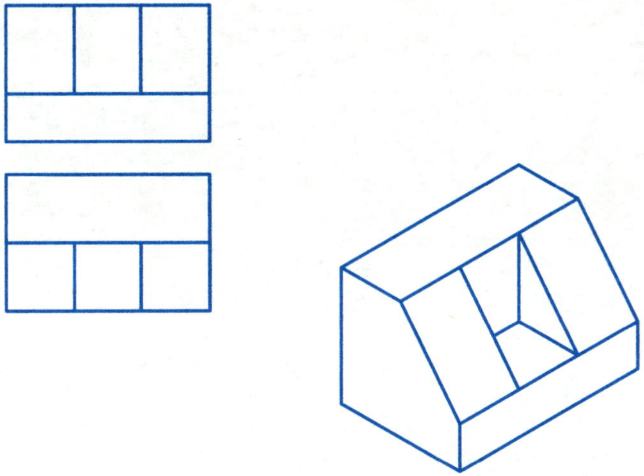

班级________　　姓名________　　学号________

1. 由点的两面投影，求作第三面投影。

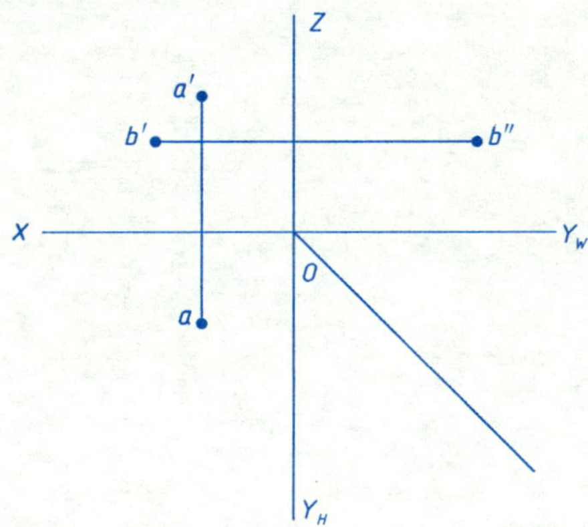

2. 已知点 A(10,15,20)，作 A 点的三面投影。

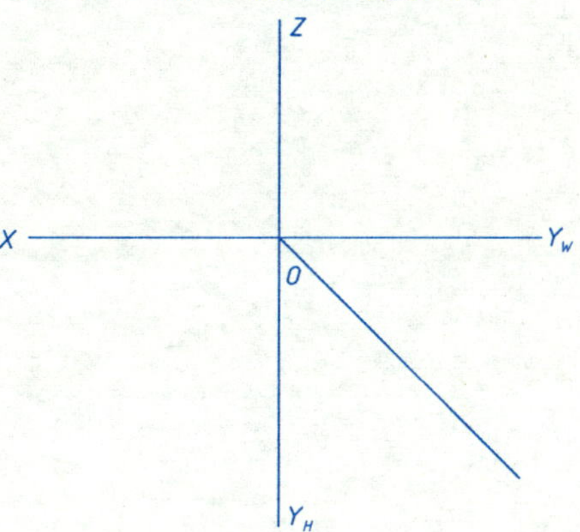

3. 已知 A 点距 H 面 10，距 V 面 20，距 W 面 15，求 A 点的三面投影。

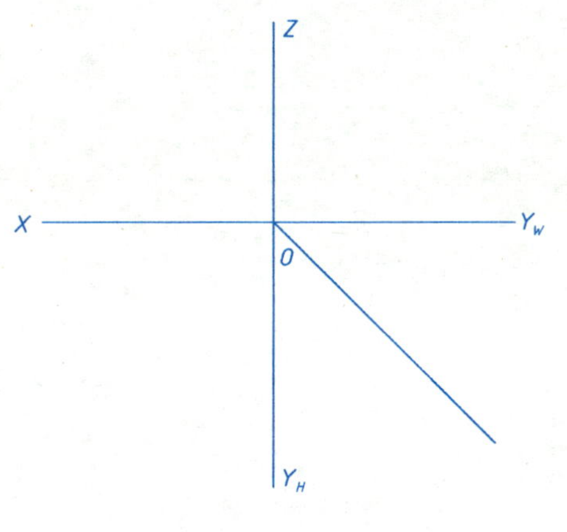

4. 已知点 A(20,10,15)，B 点在 A 点右方 5，前方 10，下方 5，画出 A、B 两点的三面投影。

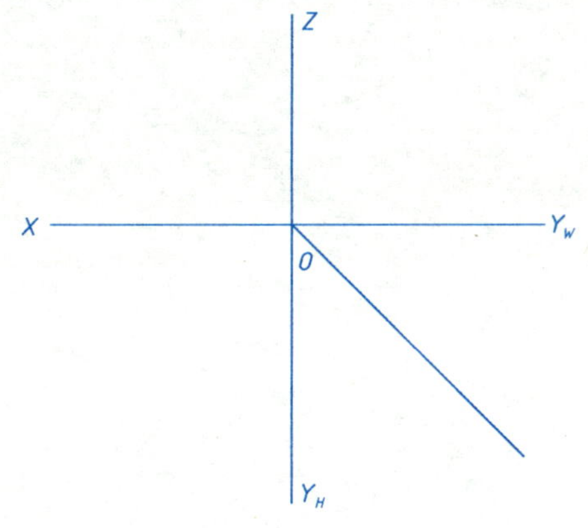

班级__________　　姓名__________　　学号__________

1. 判断下列各直线对投影面的相对位置。

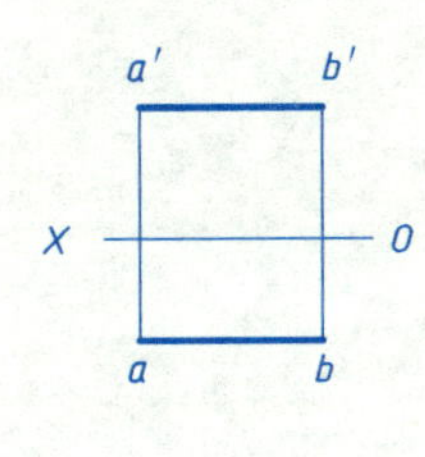

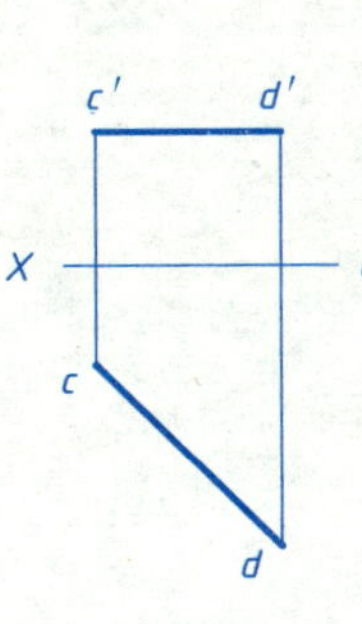

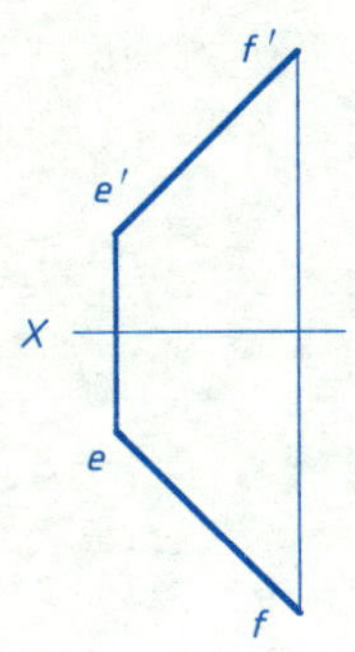

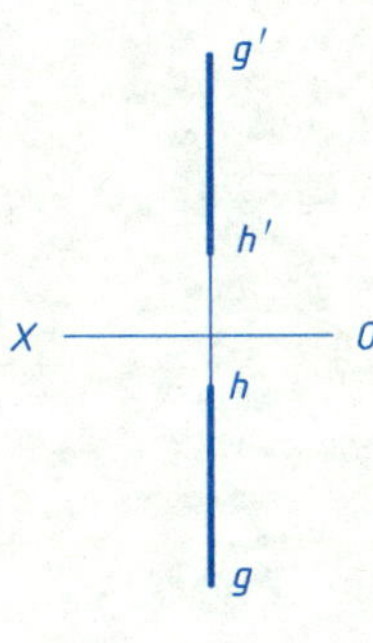

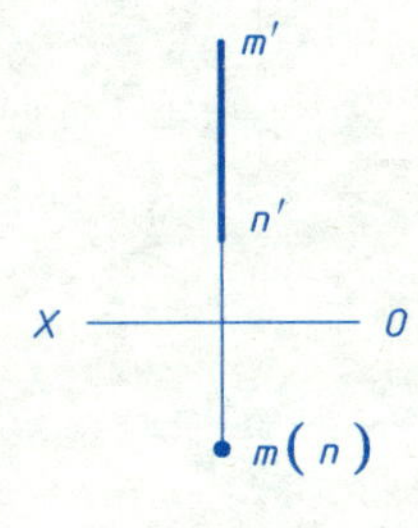

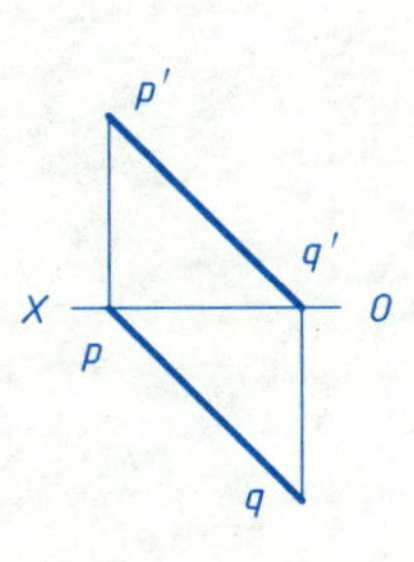

________线　________线　________线　________线　________线　________线

2. 已知点 $A(10,20,15)$，点 B 在点 A 之左 10，后 10，下 5，求直线 AB 的三面投影。

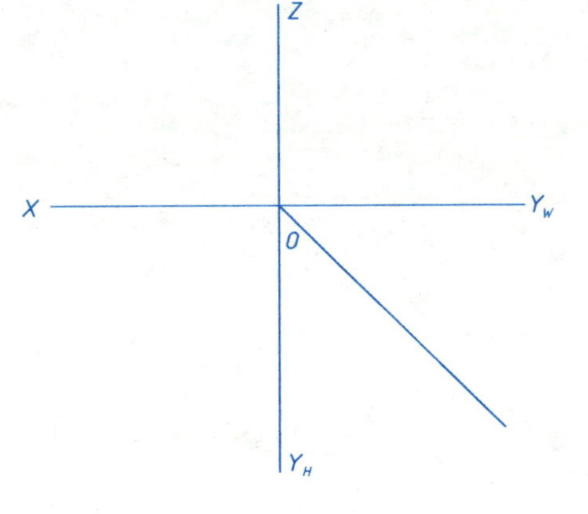

3. 过点 M 作直线与 AB 相交，交点距 H 面 20 mm。

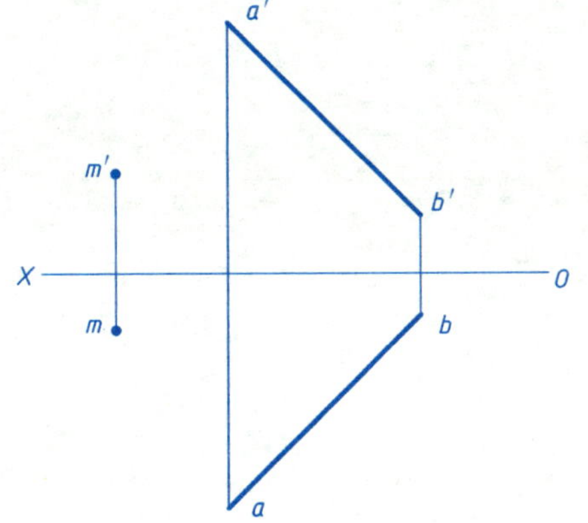

4. AB 为铅垂线，它到 W 面和 V 面的距离相等，作出另外两面投影。

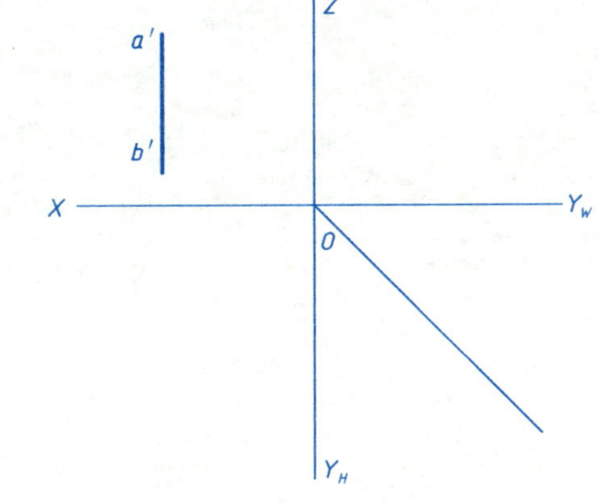

班级__________　姓名__________　学号__________

2-5　面的投影：已知平面的两面投影，求作第三面投影，并判断该平面是何种位置平面。

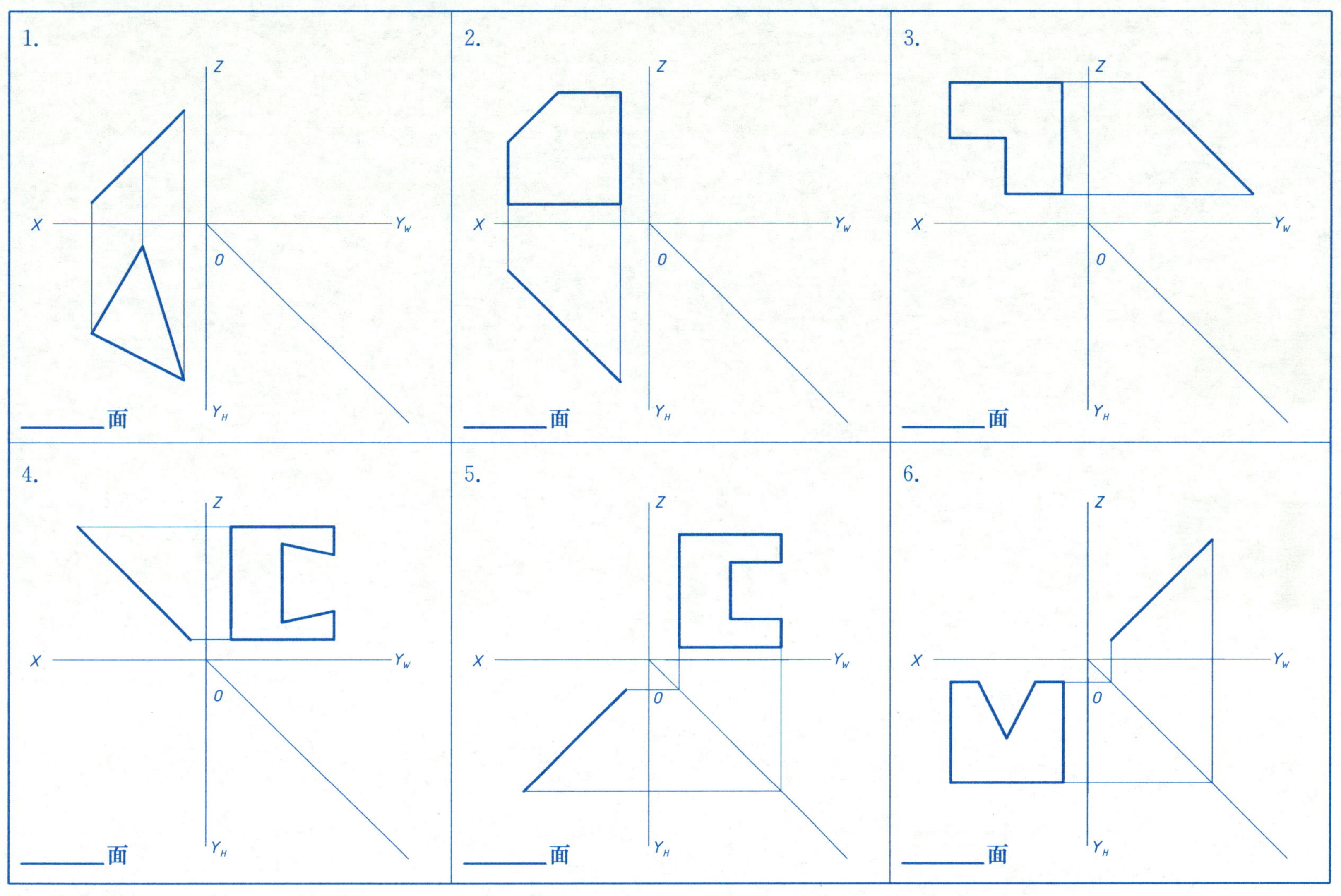

班级__________　　姓名__________　　学号__________

2-6 平面上的直线和点

1. 通过作图判别点 K 是否在平面 ABC 上。

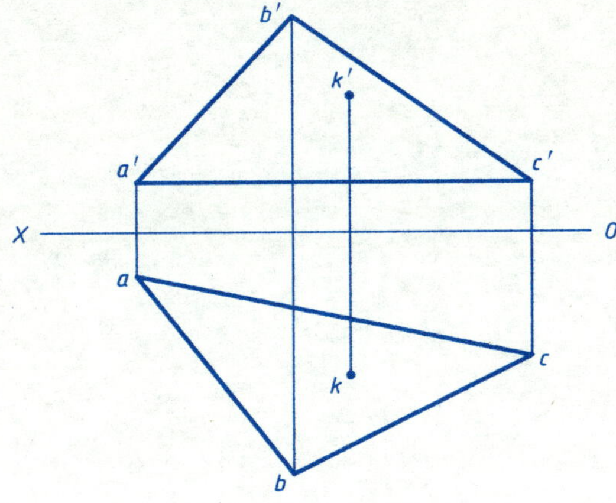

2. 已知点 K 在平面 ABC 上，完成平面 ABC 的正面投影。

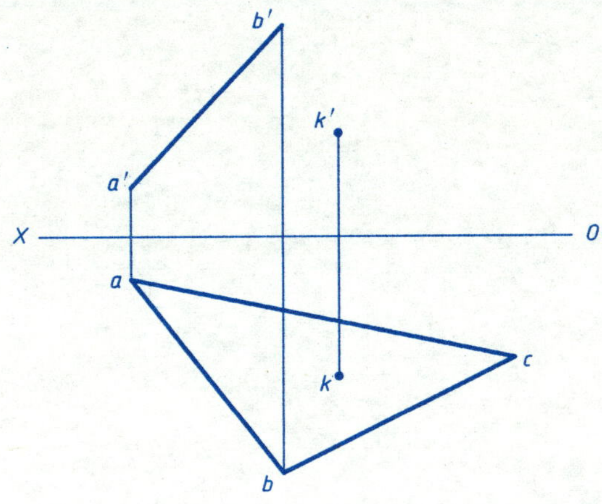

3. 作出平面 $ABCD$ 在 V 面上的投影。

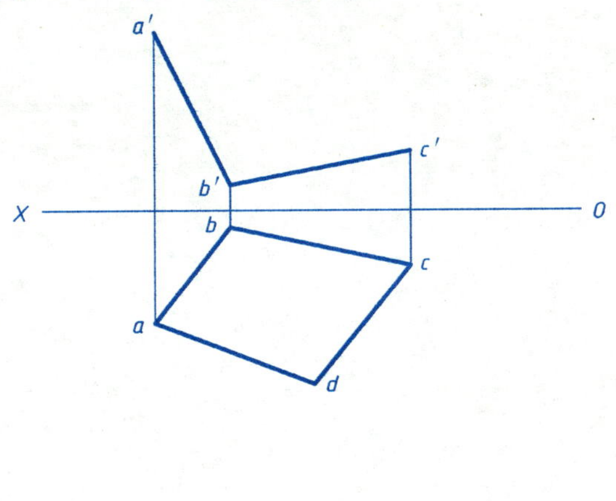

4. 在平面 ABC 上求点 K，使点 K 与 H 面和 V 面的距离都等于 15。

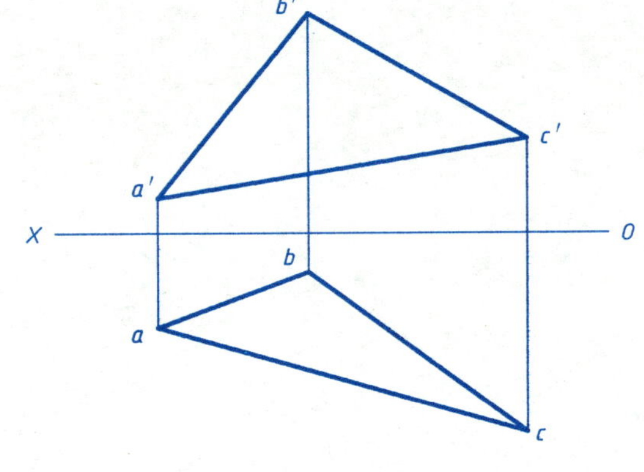

班级＿＿＿＿＿＿　姓名＿＿＿＿＿＿　学号＿＿＿＿＿＿

第三章　基本体及其表面交线

3-1　平面立体的投影：补画平面立体的第三面投影，并画出立体表面上点、直线的另两面投影。

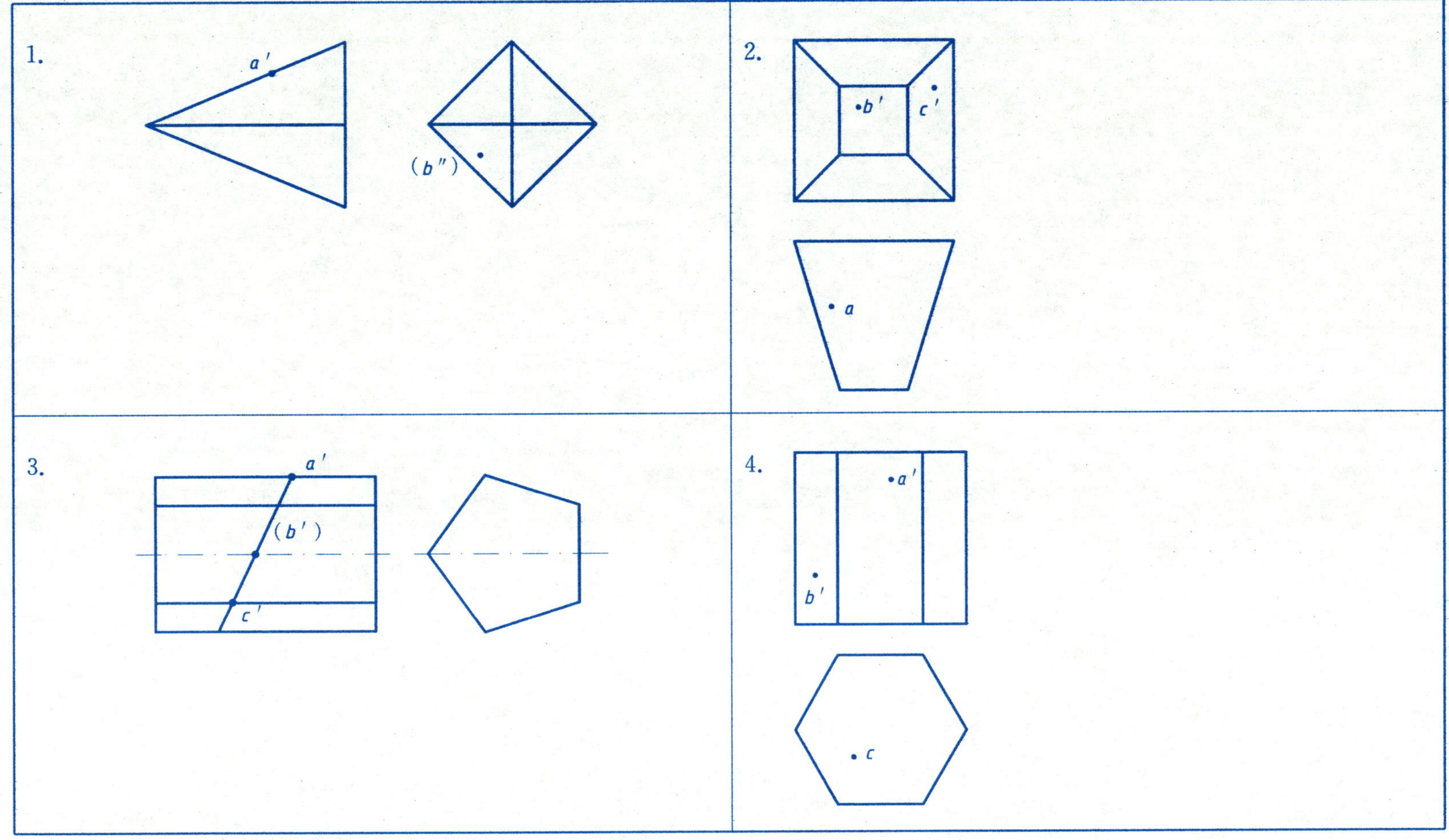

3-2　曲面立体的投影：补画曲面立体表面上点的另两面投影。

1.

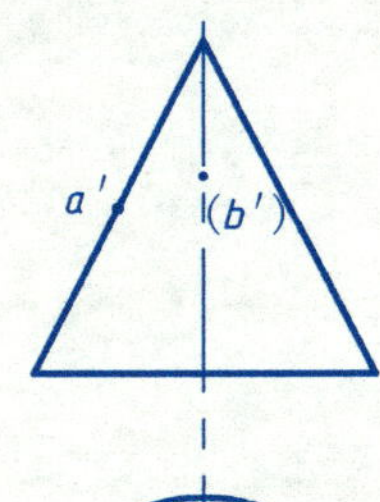

2.

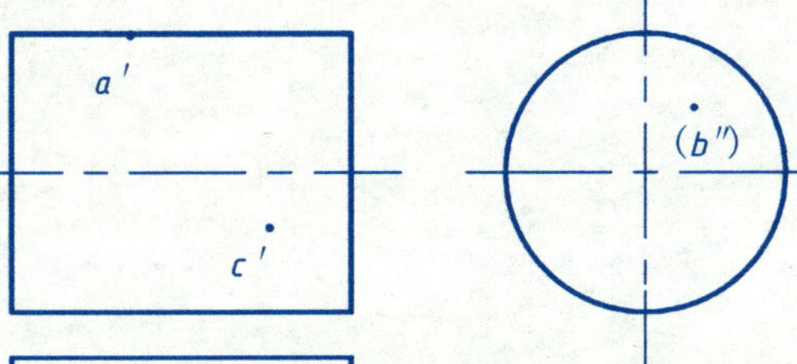

3.

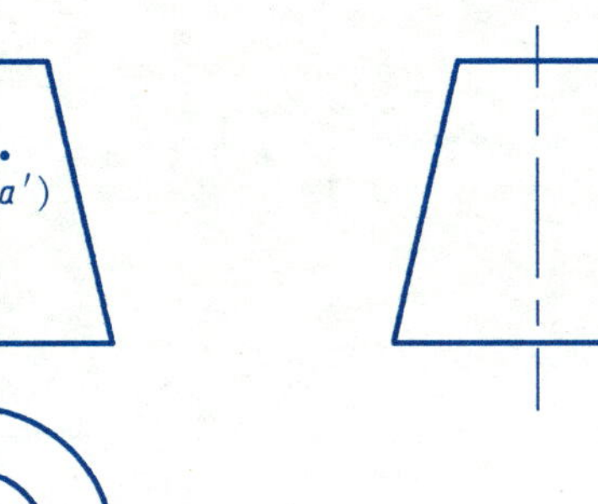

4.

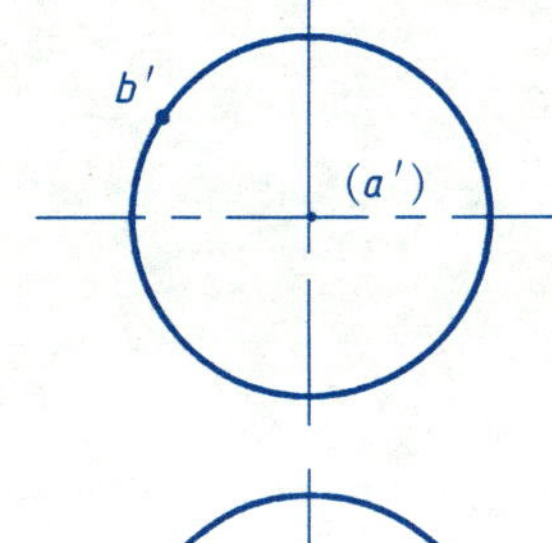

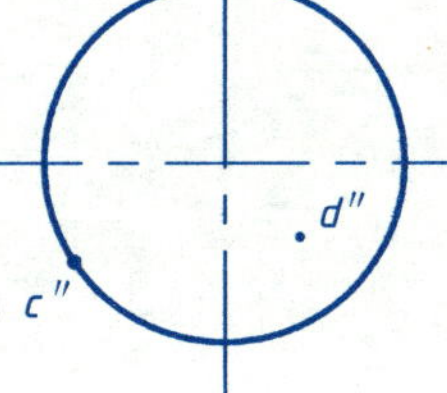

班级__________　　姓名__________　　学号__________

3-3　补全平面立体被切割后的俯视图，并画出左视图。

1.

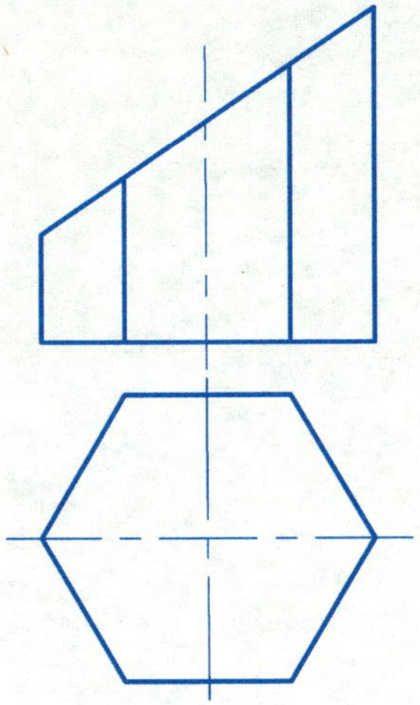

2.

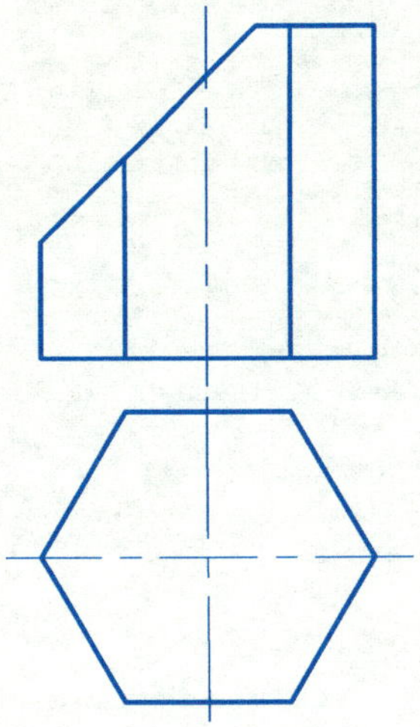

3.

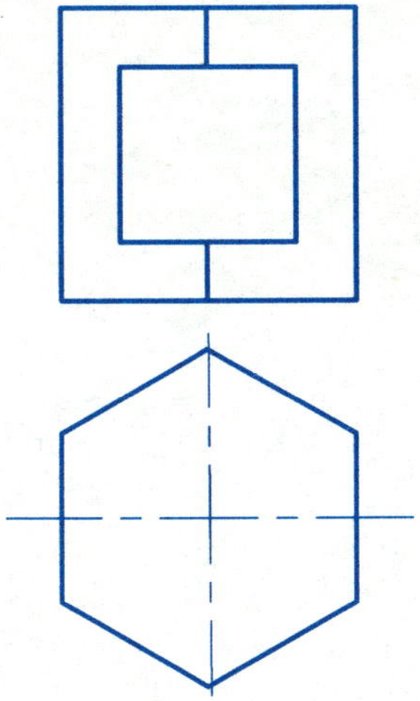

4.

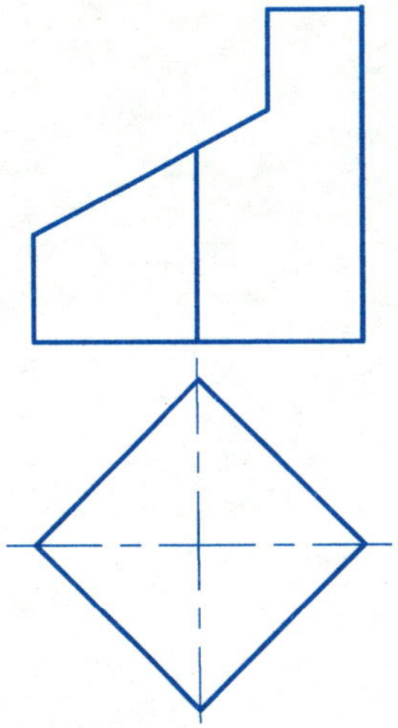

班级____________　　姓名____________　　学号____________

3-4　平面立体的截交线(二)：补全平面立体被切割后的第三视图。

1.

2.

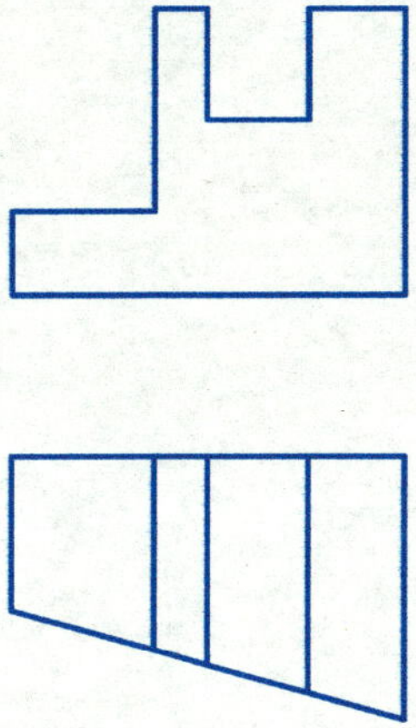

3.

4.

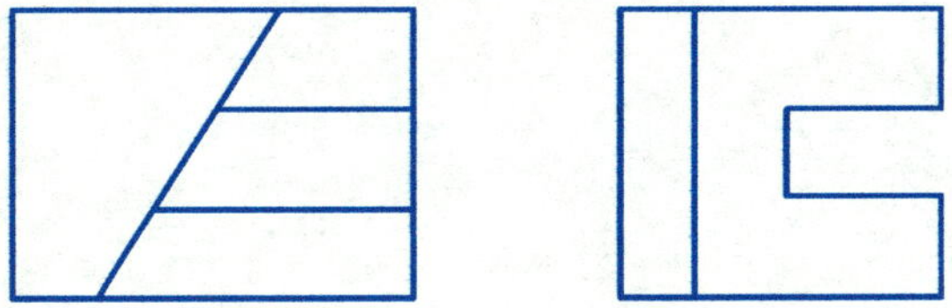

班级____________　姓名____________　学号____________

3-5 平面立体的截交线(三):补全平面立体被切割后的俯视图,并画出左视图。

1.

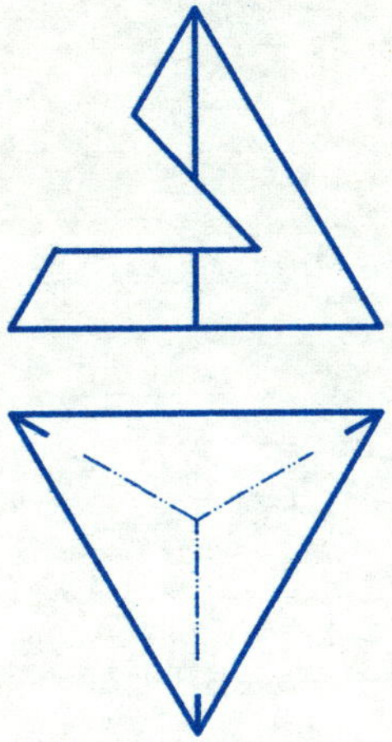

2.

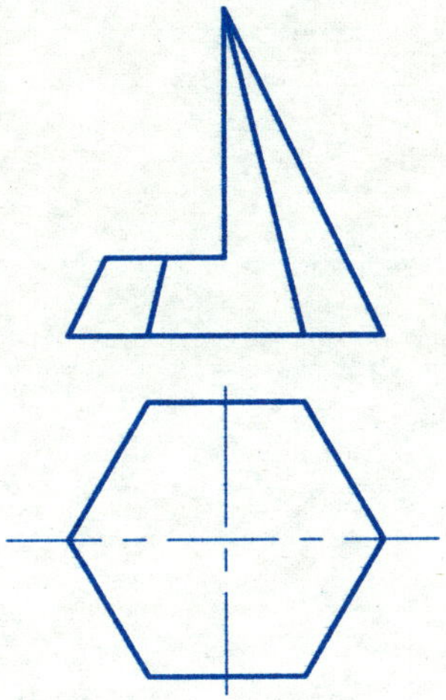

3.

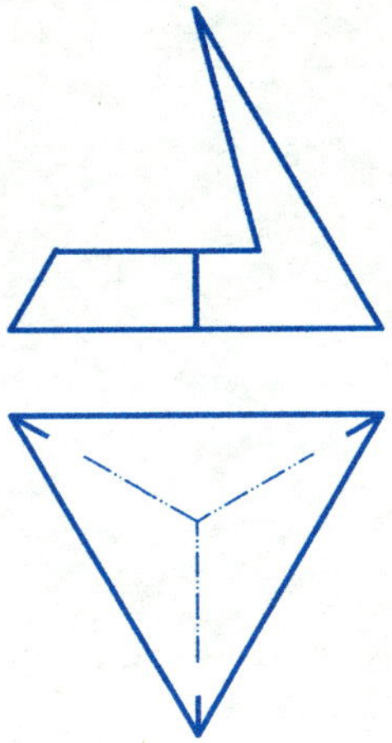

4.

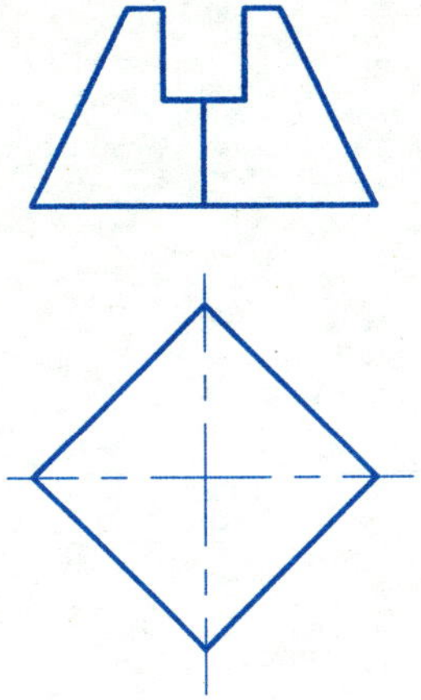

班级__________ 姓名__________ 学号__________

3-6 曲面立体的截交线(一):补全曲面立体被切割后的其他两面投影。

1.

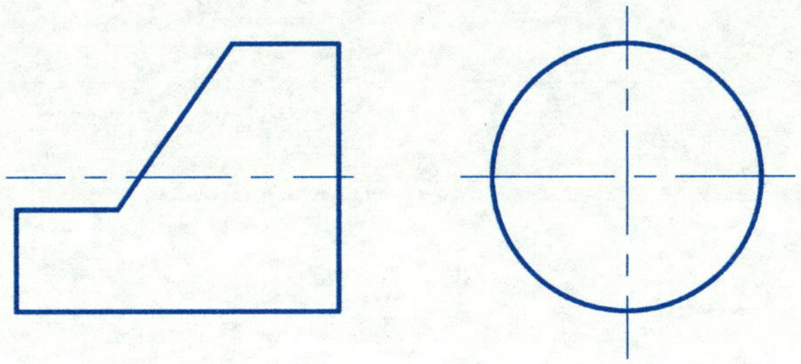

2.

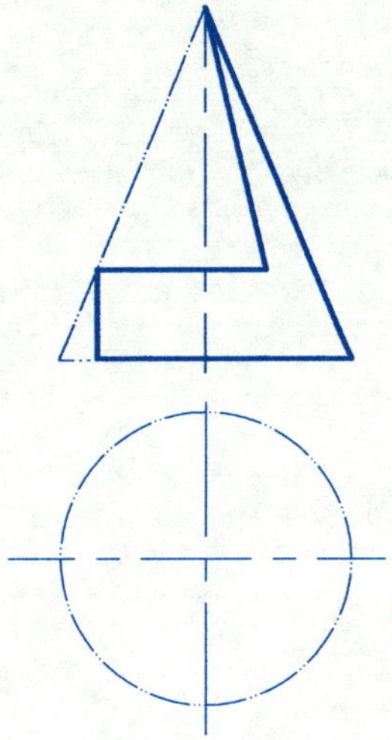

3.

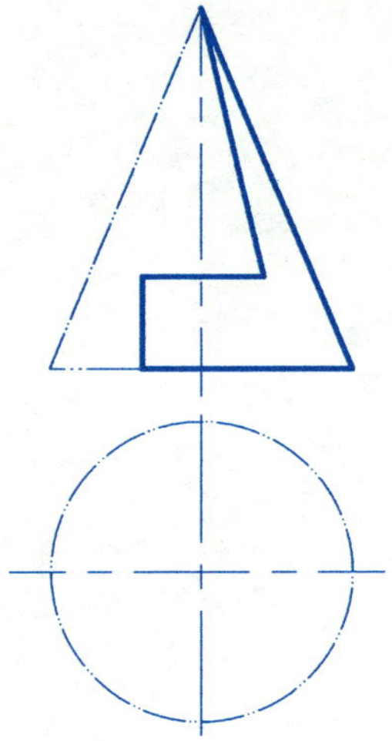

4.

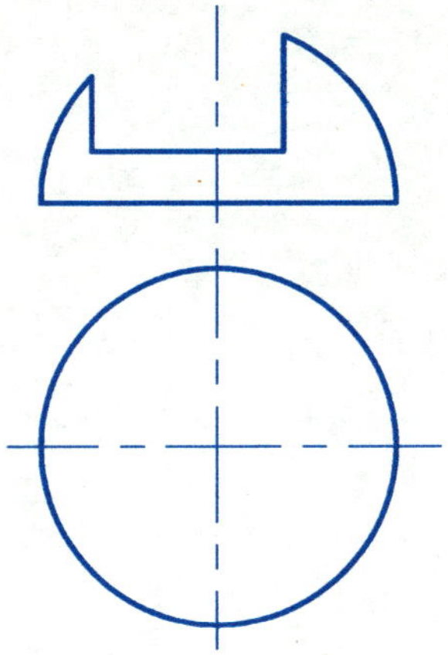

班级__________ 姓名__________ 学号__________

3-7　曲面立体的截交线(二):补画带切口几何体的第三视图。

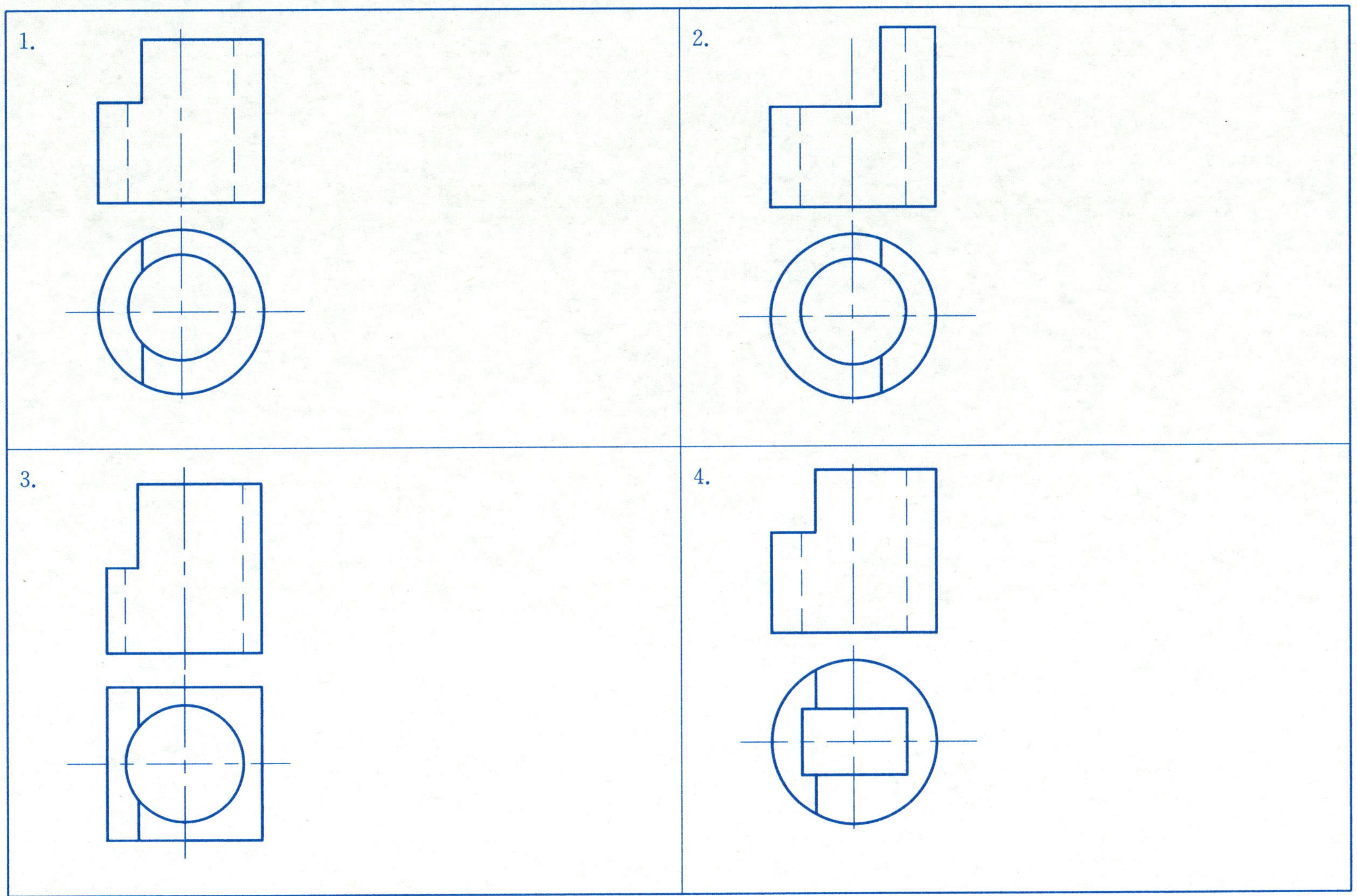

班级________　　姓名________　　学号________

3-8　曲面立体的截交线(三):补全几何体的三视图。

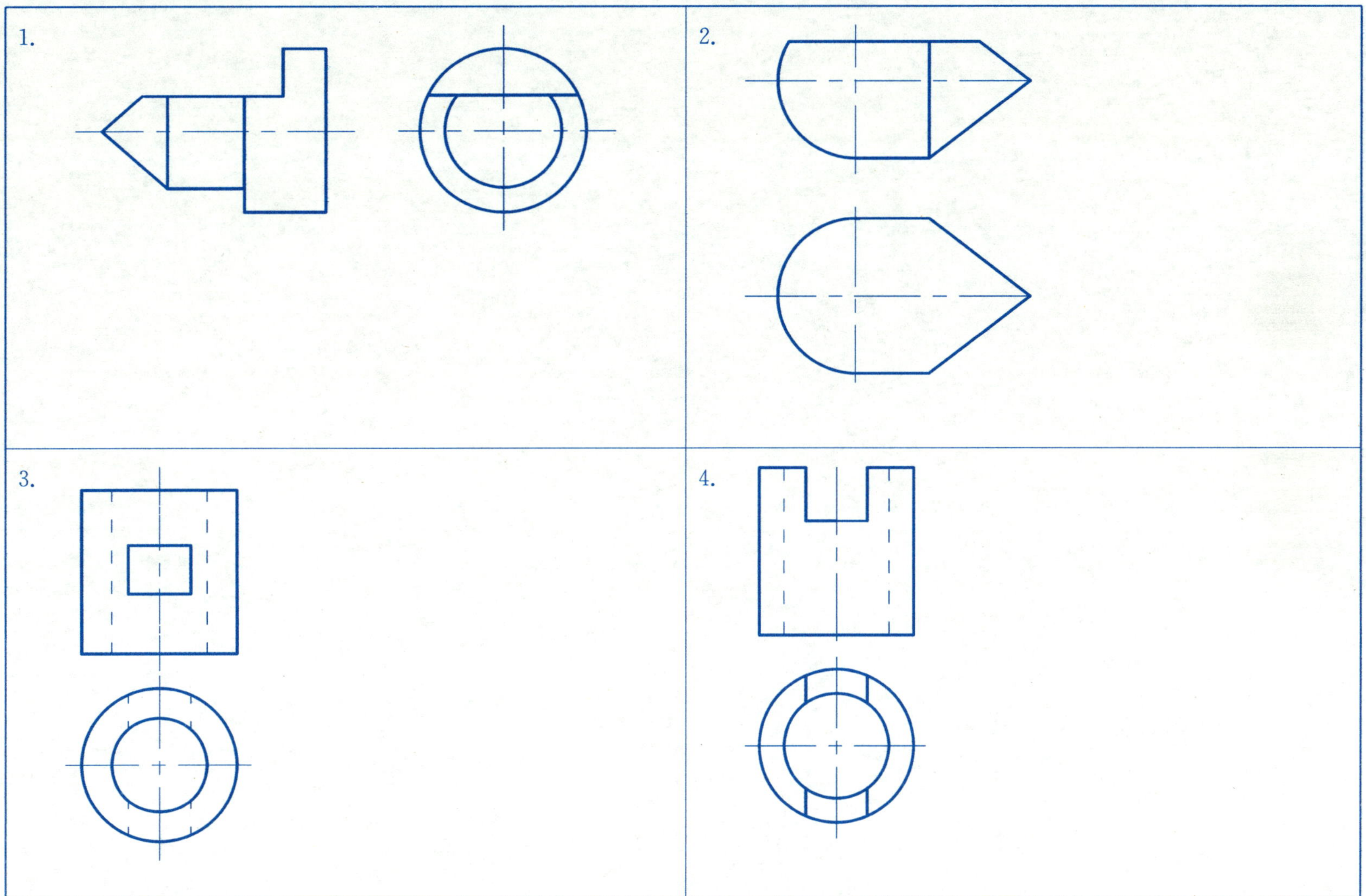

班级____________　姓名____________　学号____________

第四章　轴测图

4-1　正等轴测图的绘制(一):根据视图画出平面立体的正等轴测图。

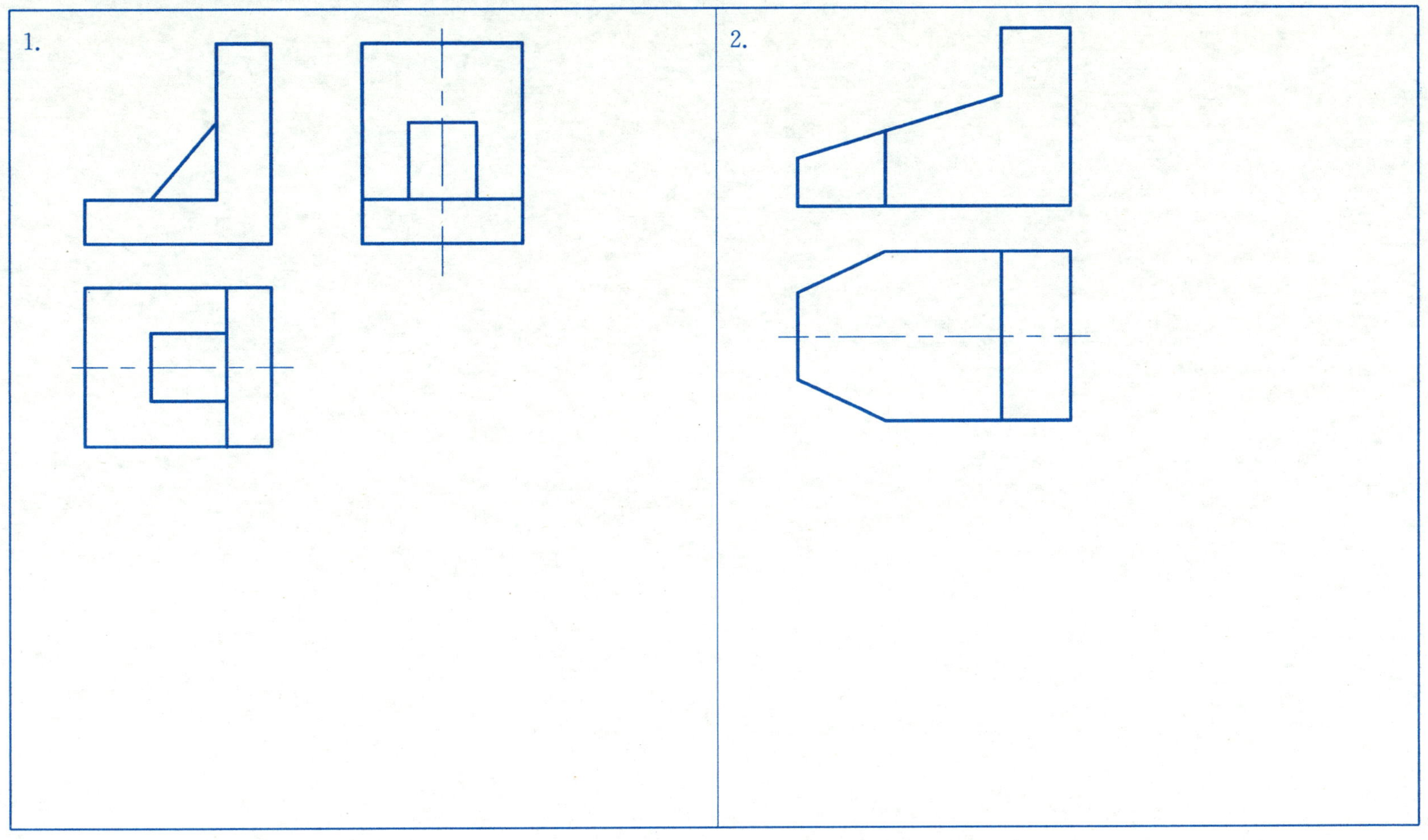

班级＿＿＿＿＿　姓名＿＿＿＿＿　学号＿＿＿＿＿

4-2 正等轴测图的绘制(二):根据视图画出平面立体的正等轴测图。

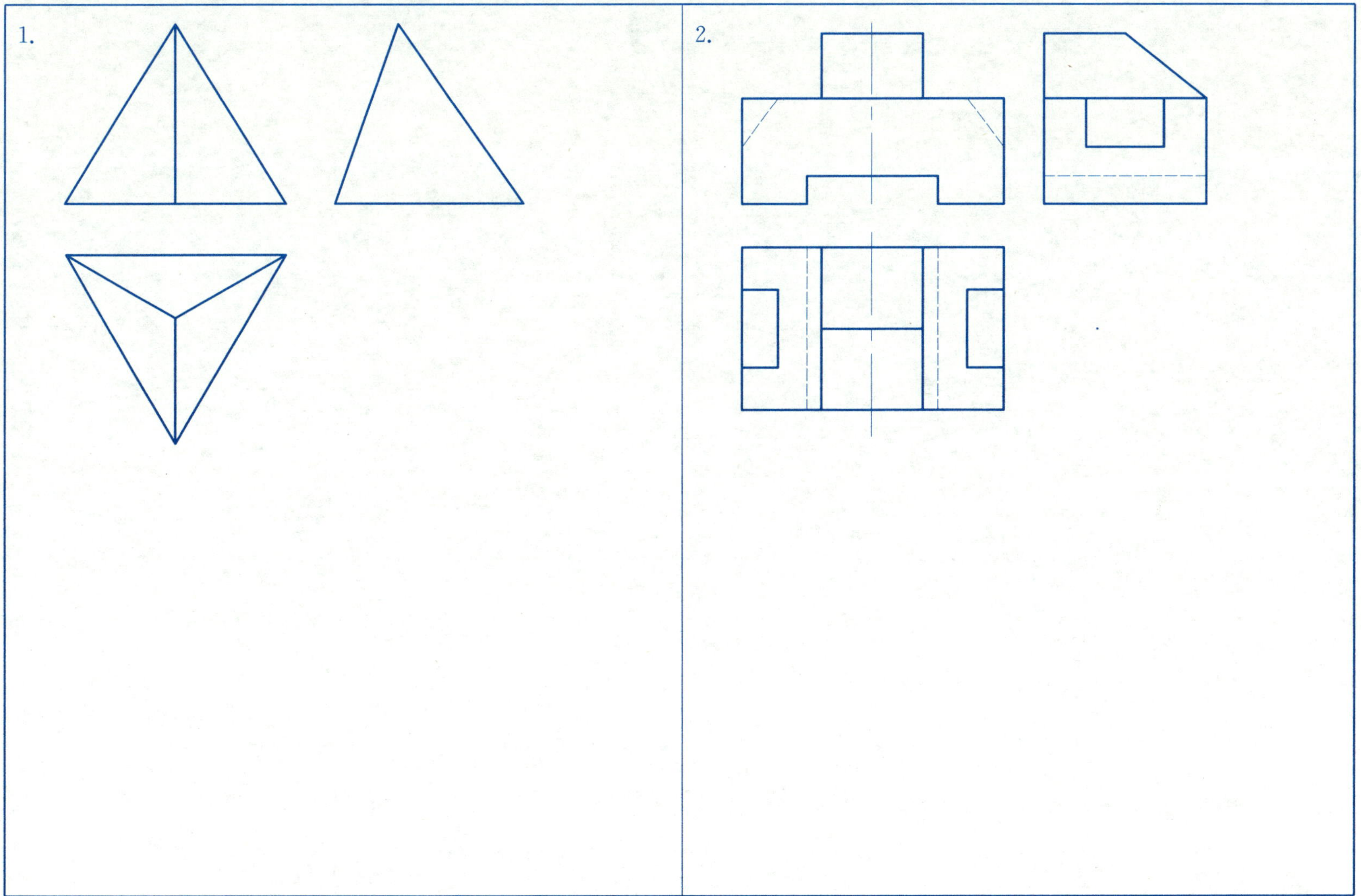

班级__________ 姓名__________ 学号__________

4-3 正等轴测图的绘制(三):根据视图画出曲面立体的正等轴测图。

1.

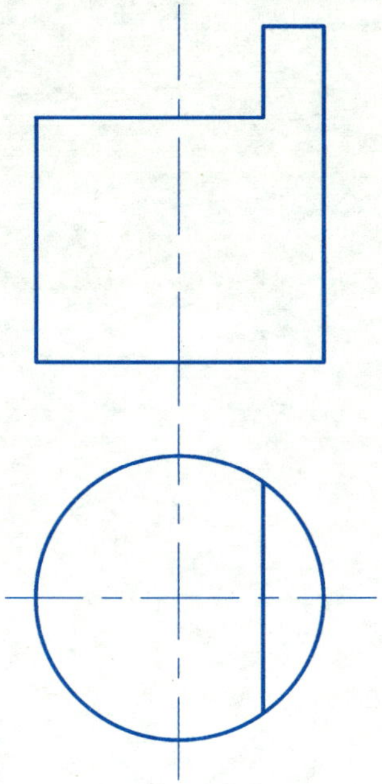

2.

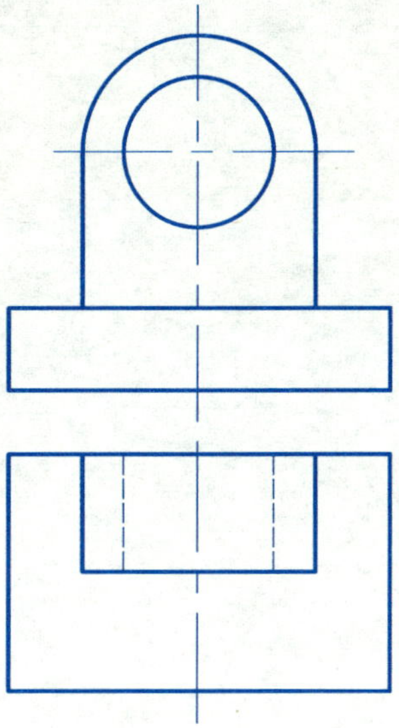

班级____________ 姓名____________ 学号____________

4-4 斜二轴测图的绘制：根据视图画出立体的斜二轴测图。

1.

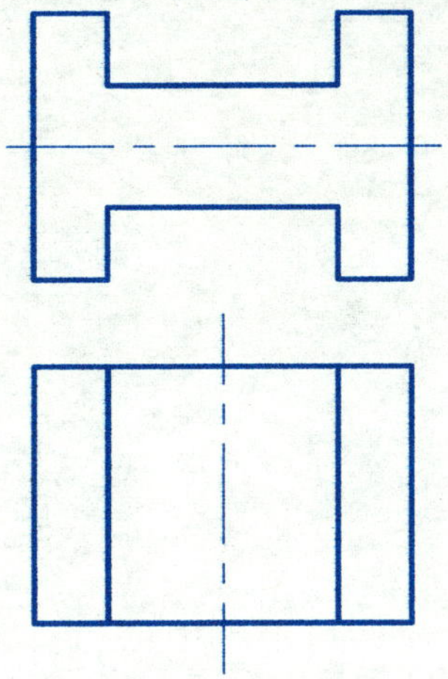

2.

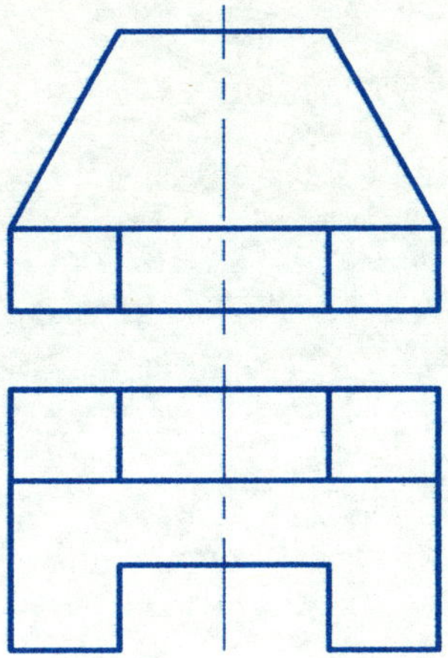

班级____________ 姓名____________ 学号____________

第五章　组合体

5-1　相切和相交:分析下面两组形体的相切、相交情况,补画视图中的漏线。

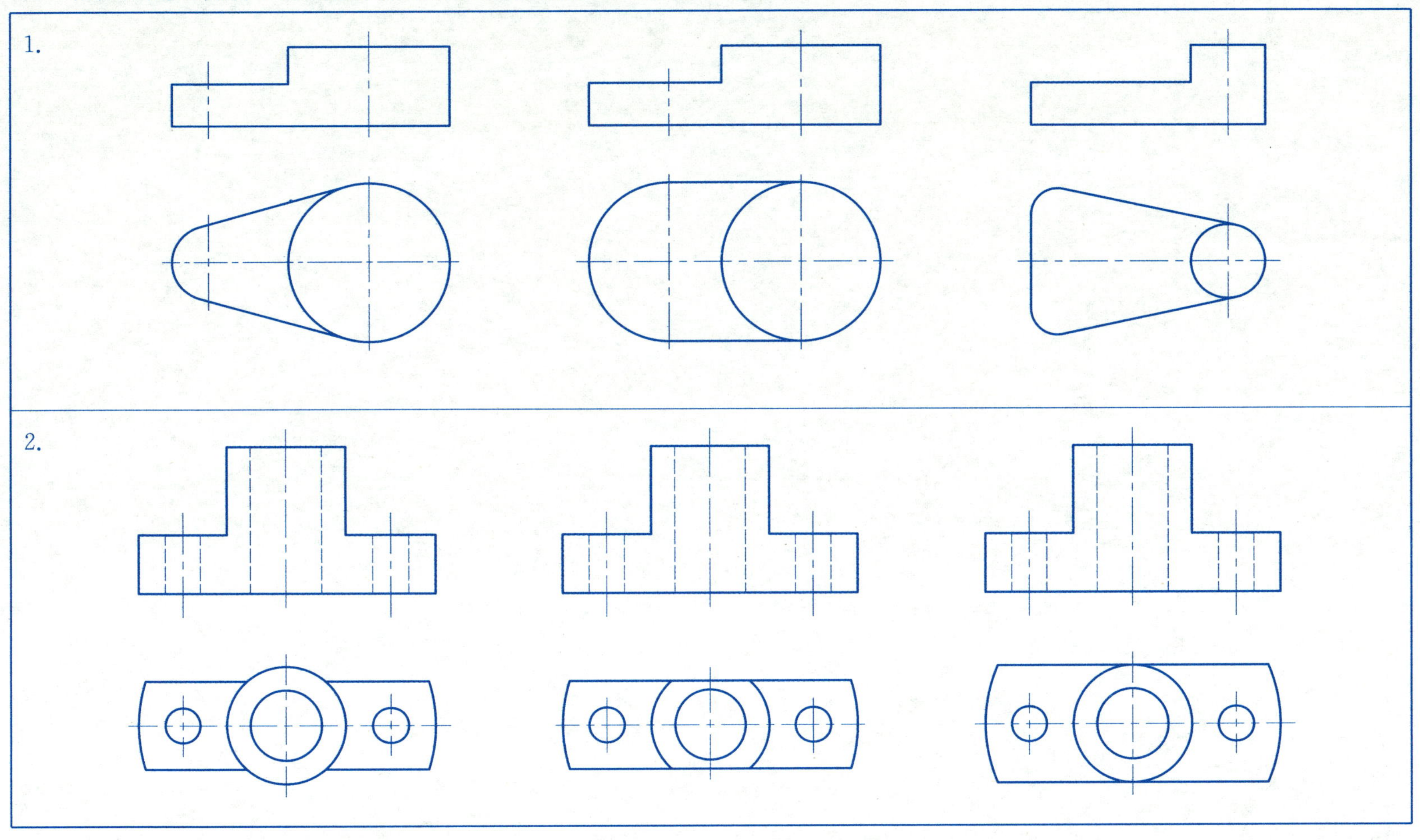

5-2 相贯线(一):分析下图情况,补画视图中的漏线。

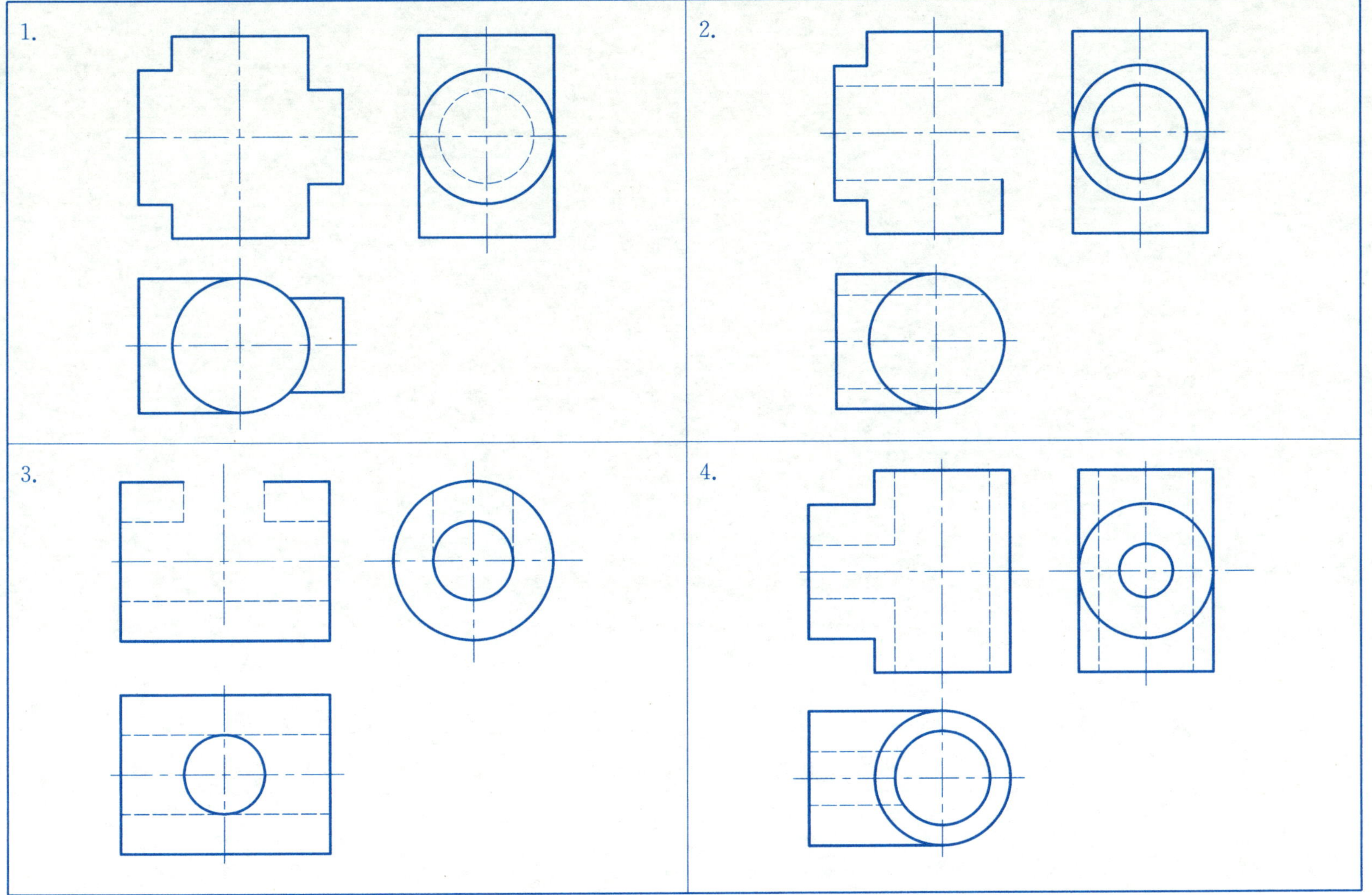

班级__________ 姓名__________ 学号__________

5-3 相贯线(二):分析下图情况,补画视图中的漏线。

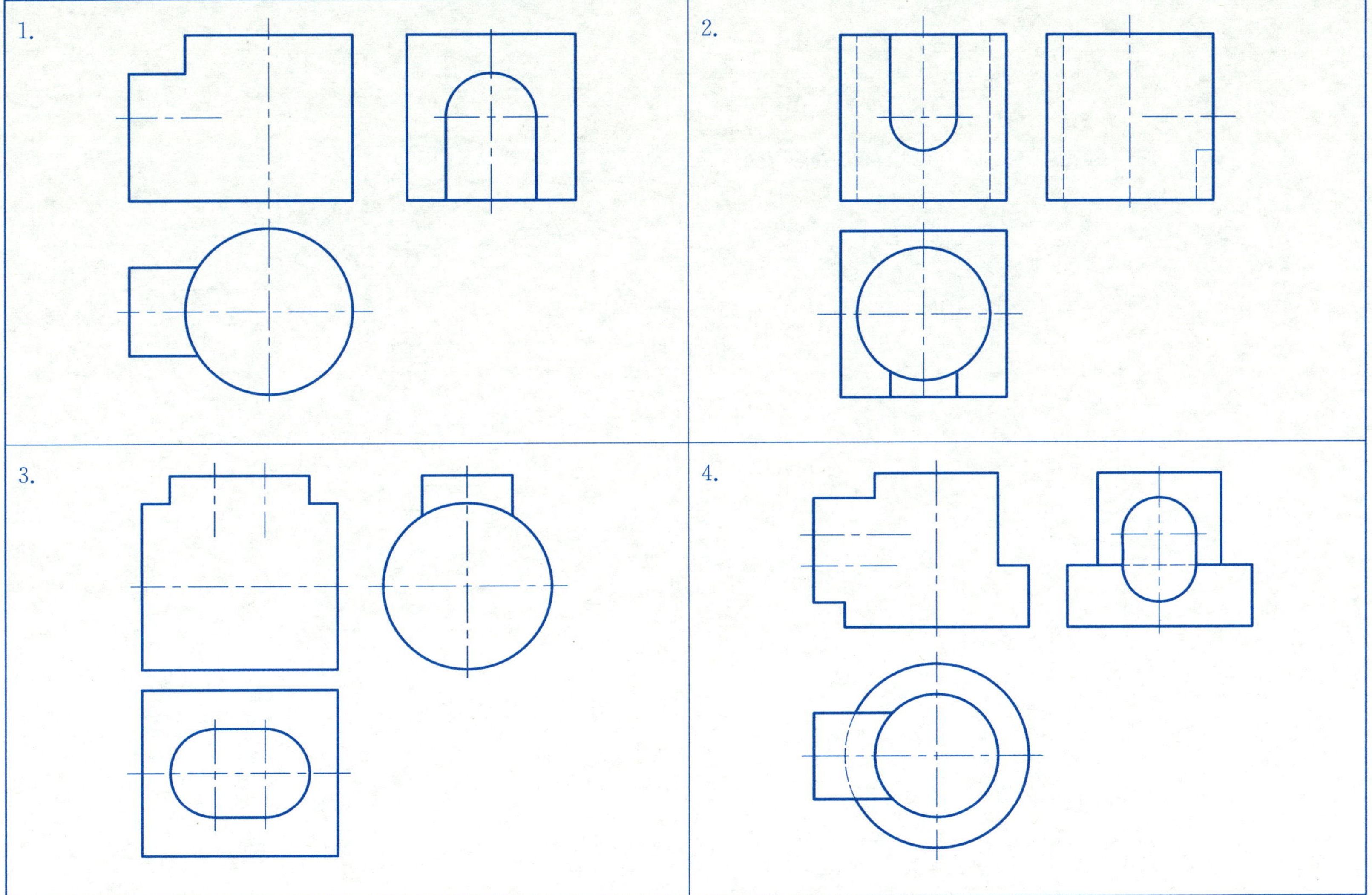

班级____________ 姓名____________ 学号____________

5-4　根据轴测图画出其三视图

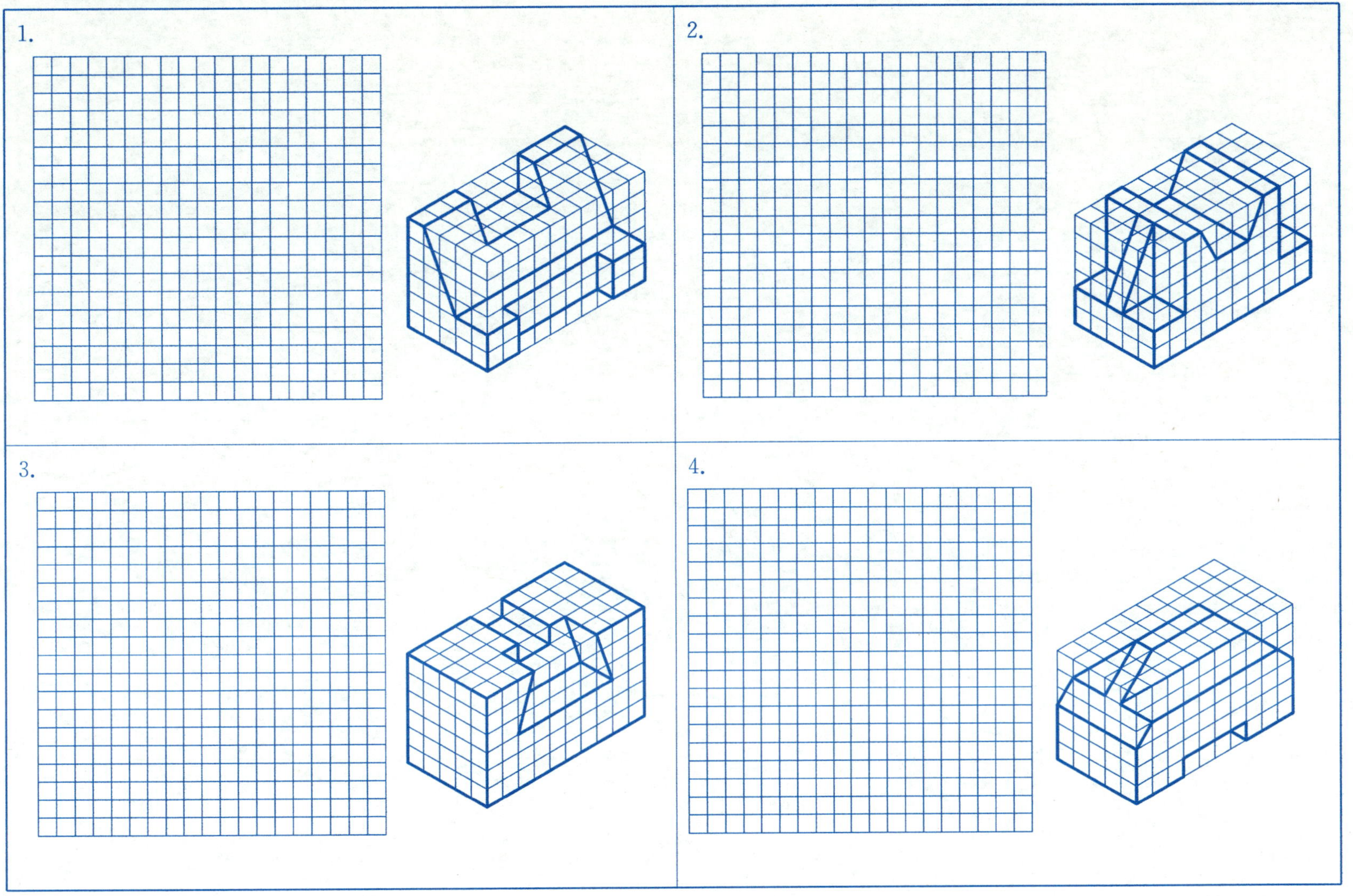

5-5 补画三视图中所漏的图线(一)

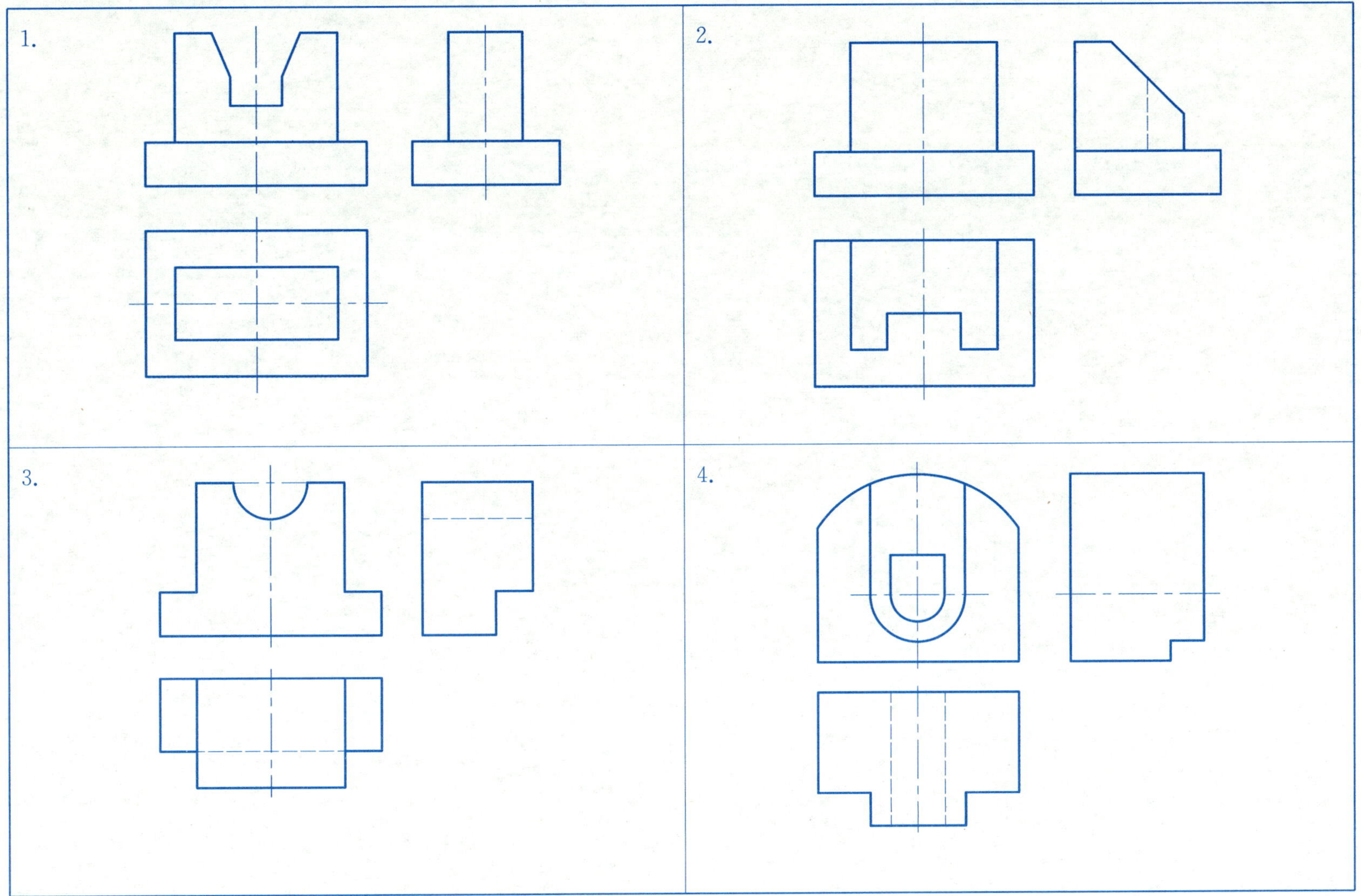

班级__________ 姓名__________ 学号__________

5-6　补画三视图中所漏的图线(二)

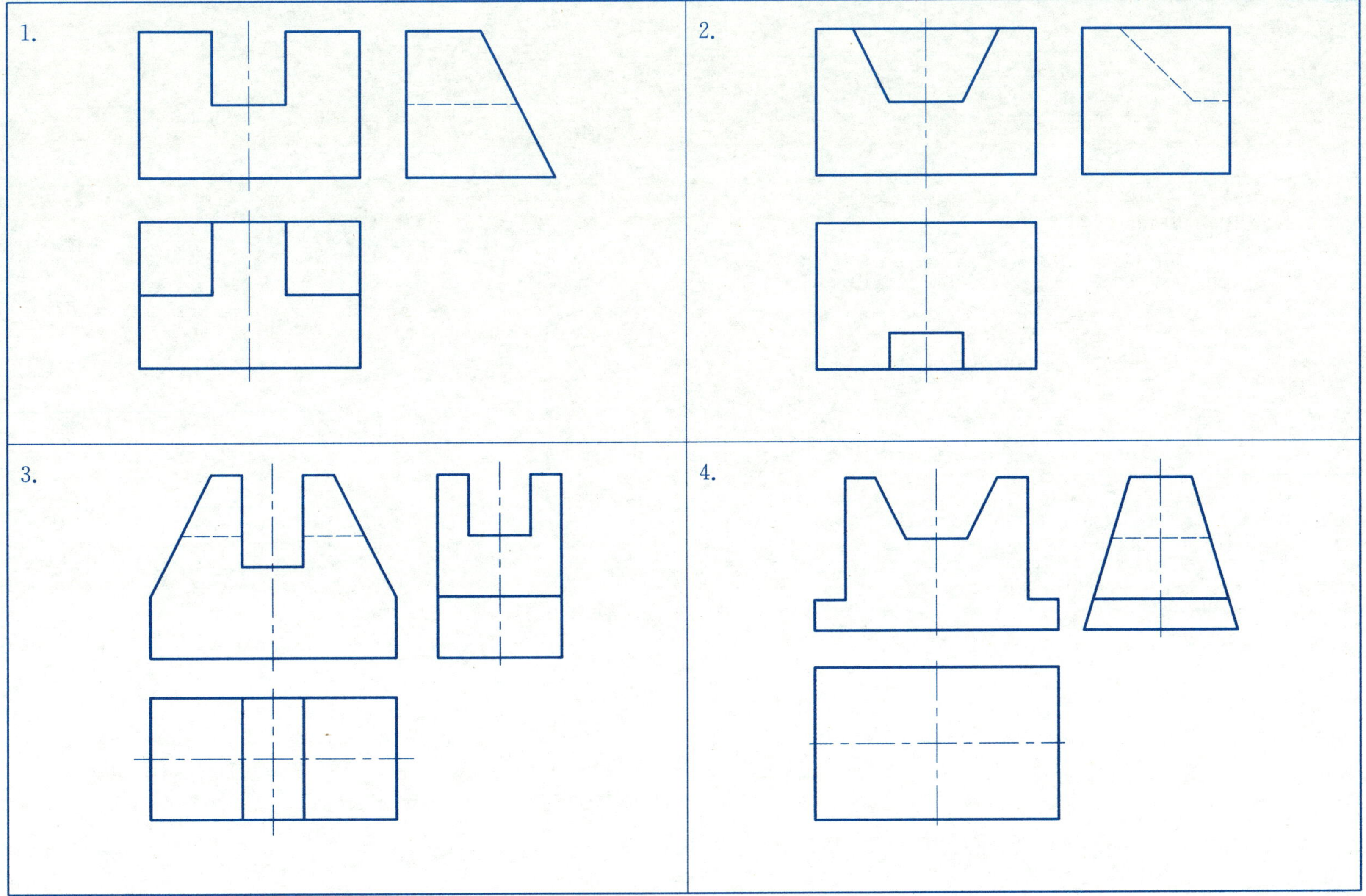

班级＿＿＿＿＿＿　姓名＿＿＿＿＿＿　学号＿＿＿＿＿＿

5-7　补画三视图中所漏的图线(三)

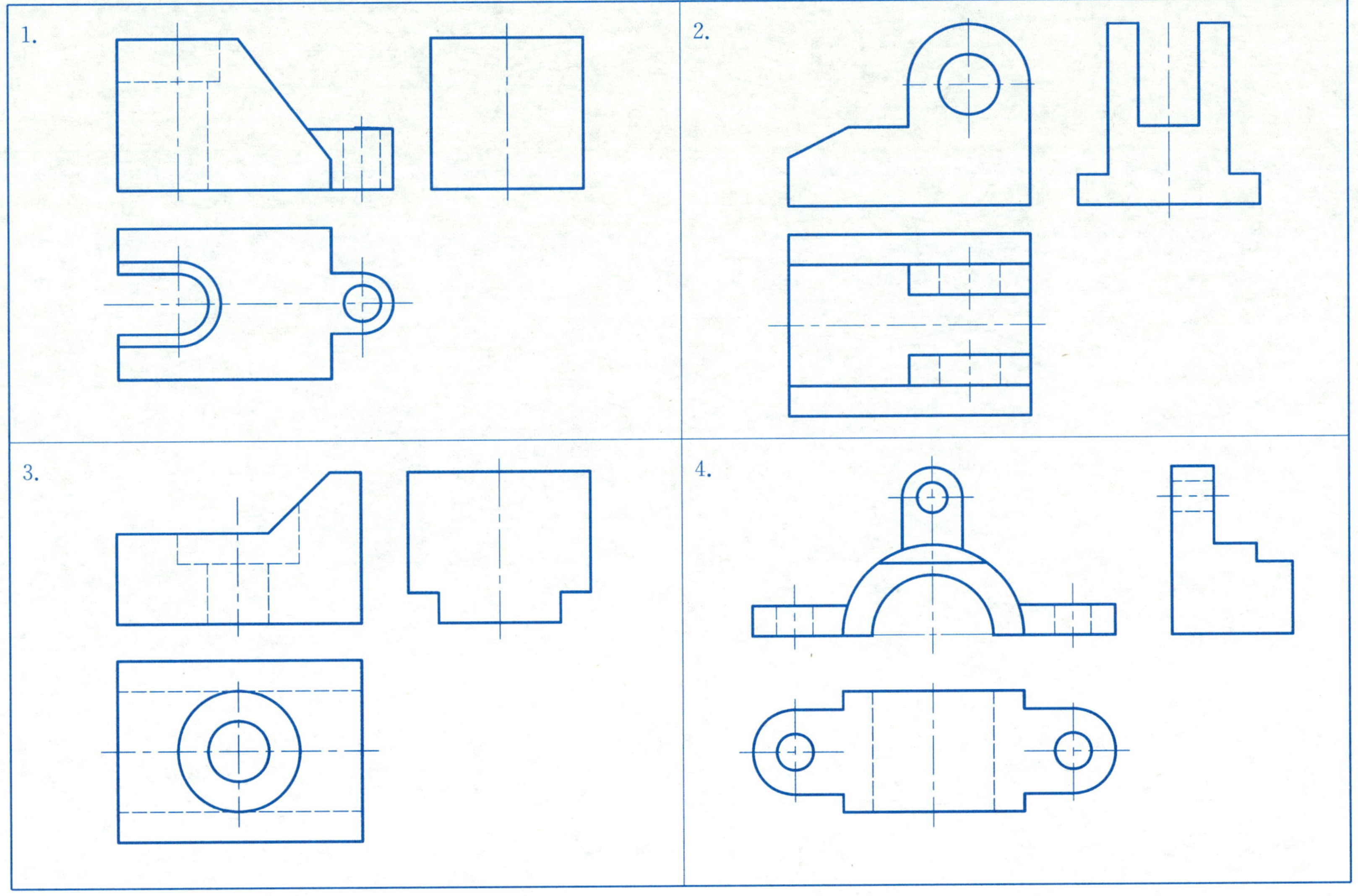

班级＿＿＿＿＿＿　姓名＿＿＿＿＿＿　学号＿＿＿＿＿＿

5-8　根据两视图，补画第三视图(一)

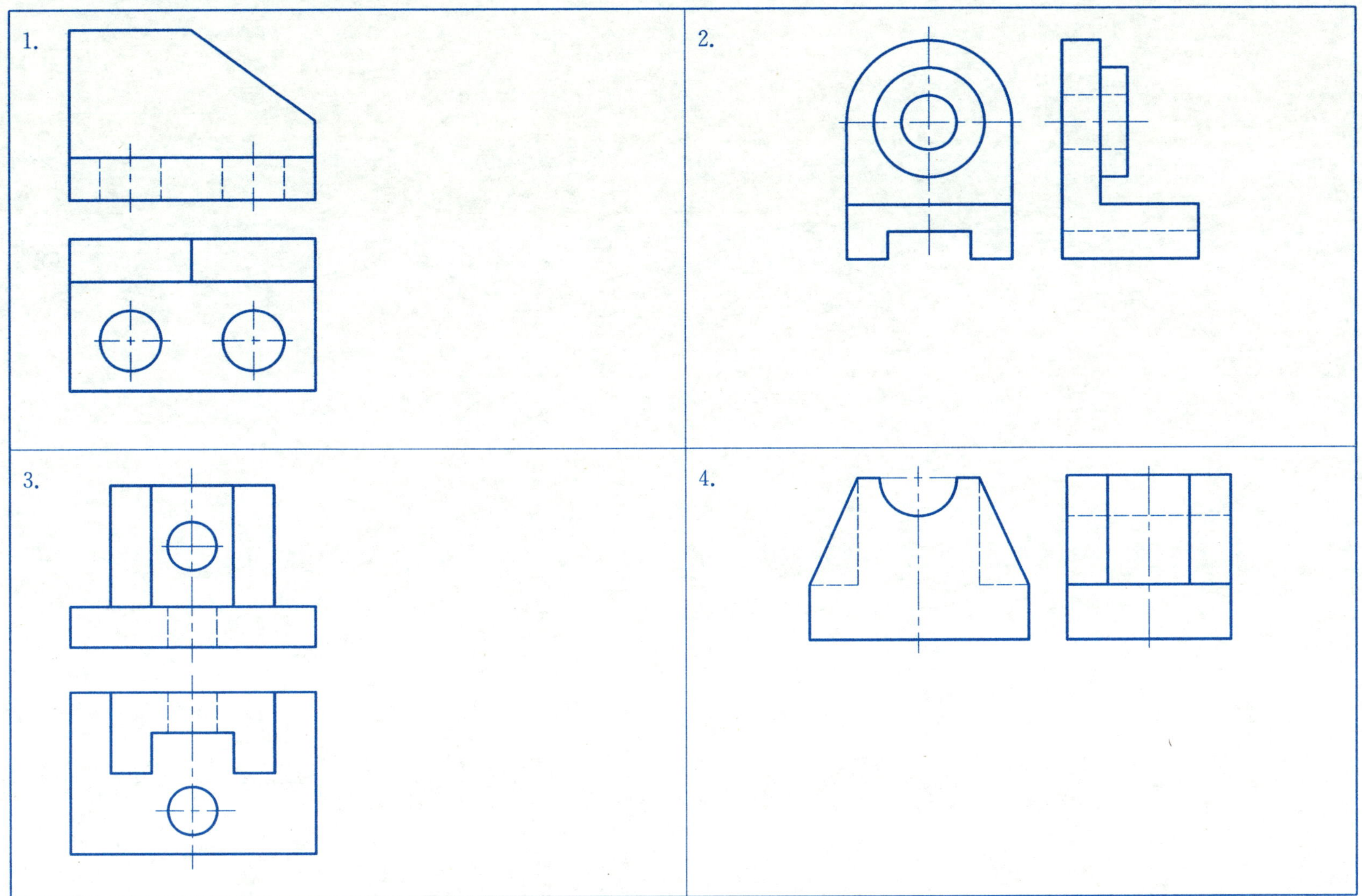

班级____________　　姓名____________　　学号____________

5-9　根据两视图，补画第三视图（二）

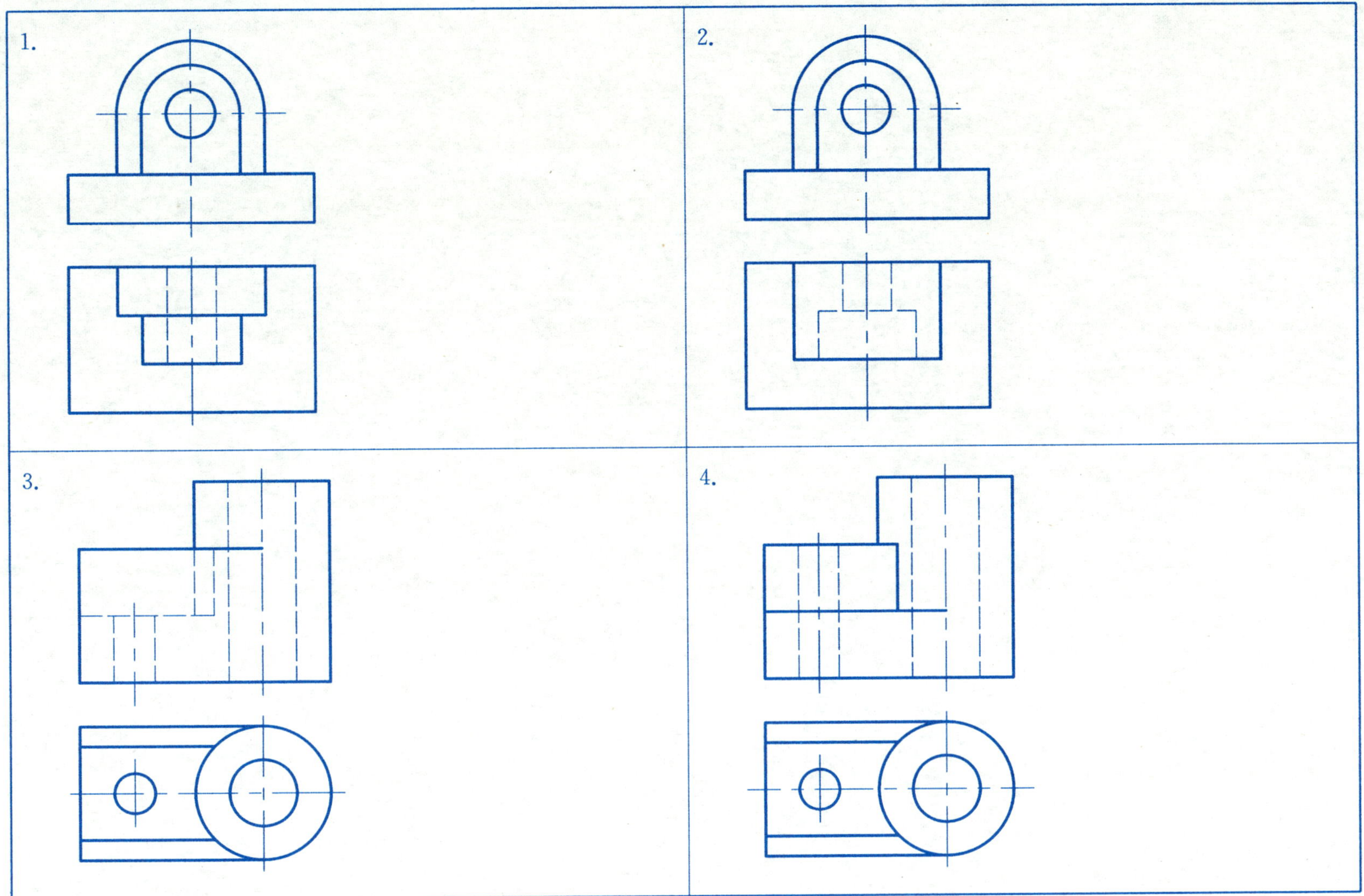

班级＿＿＿＿＿＿　姓名＿＿＿＿＿＿　学号＿＿＿＿＿＿

5-10　根据两视图，补画第三视图(三)

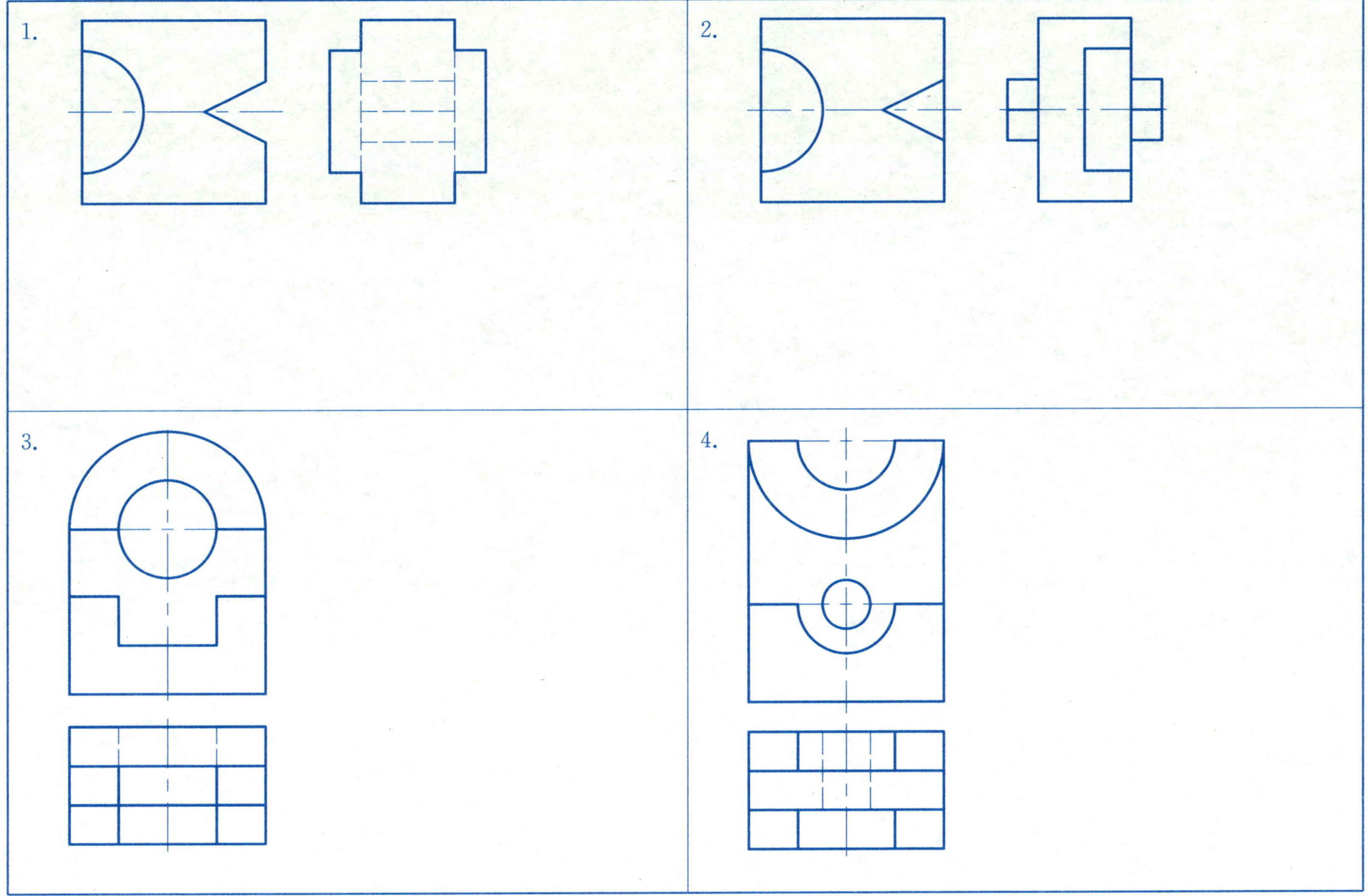

5-11　根据两视图，补画第三视图（四）

1.（两种答案）

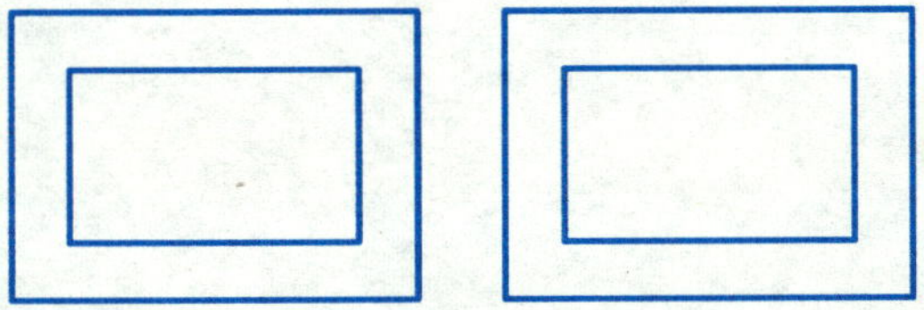

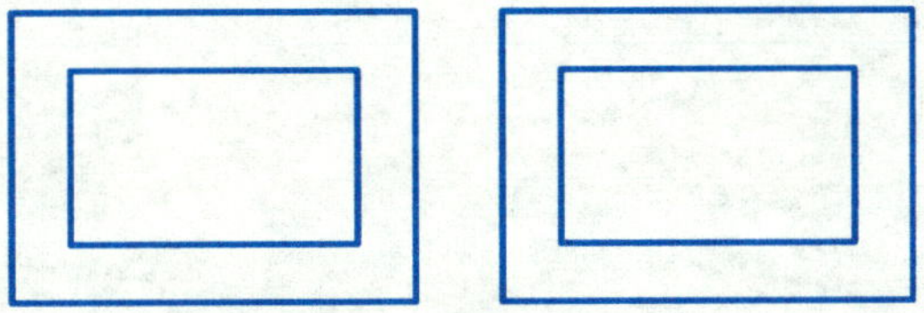

2.（两种答案）

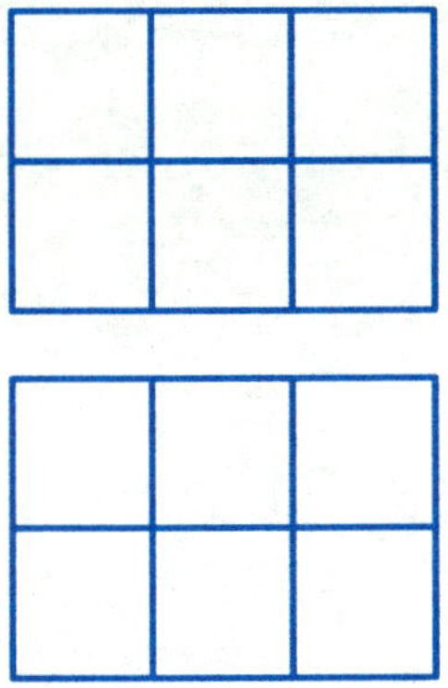

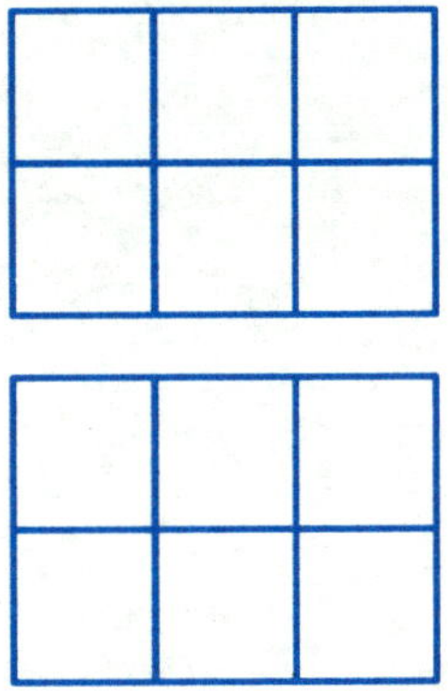

5-12　一题多想：根据已知的主视图，分别构思三种不同的组合体，并画出其左、俯视图。

1.

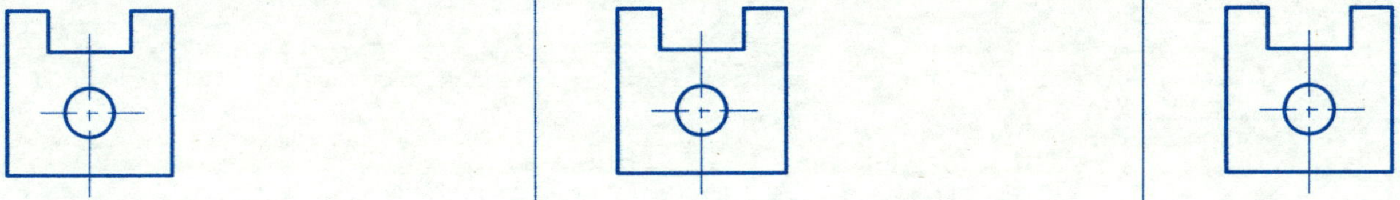

2.

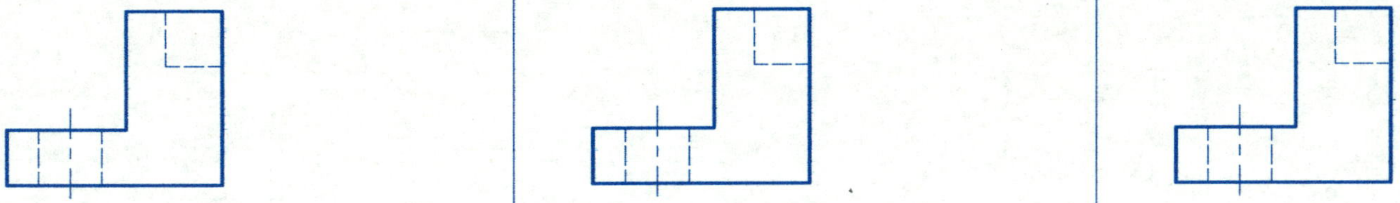

3.

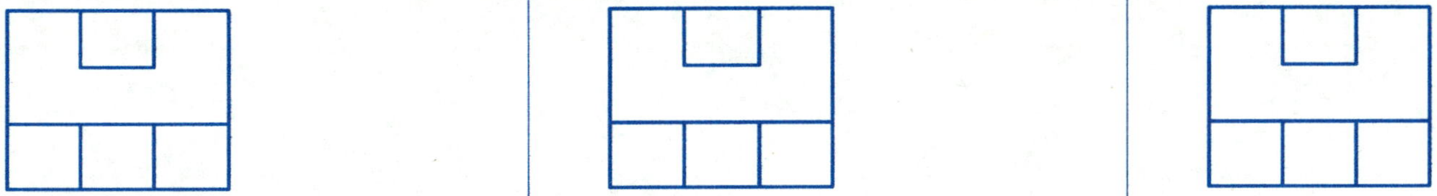

班级____________　姓名____________　学号____________

5-13　模型互补:据已知三视图,想物体形状,构思一个与之相嵌合而成为一个完整圆柱的物体,并画其三视图。

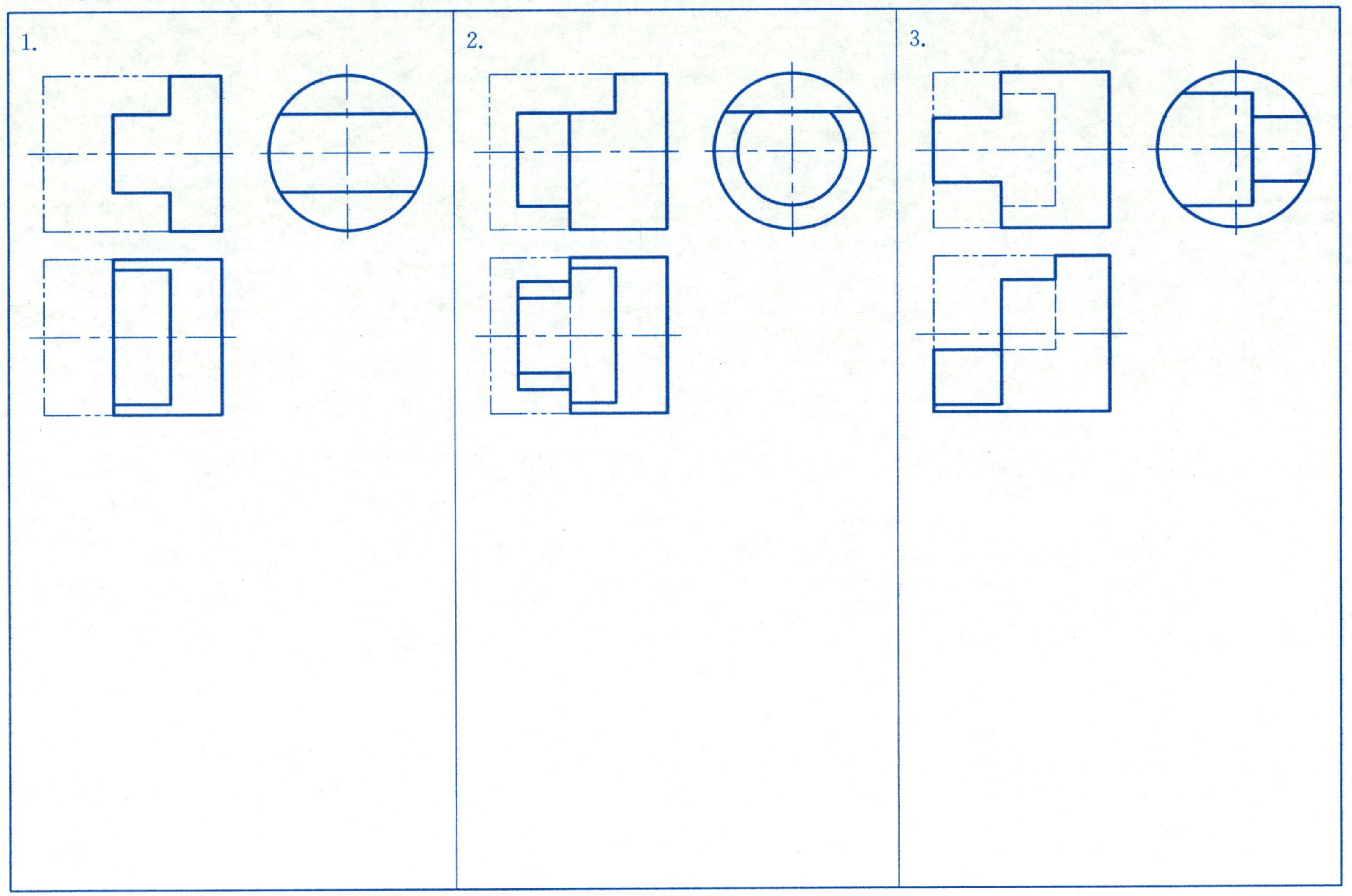

班级＿＿＿＿＿＿　姓名＿＿＿＿＿＿　学号＿＿＿＿＿＿

5-14　组合体的尺寸标注：在下列视图上标注尺寸，尺寸从图中量取，数值取整数。

1.

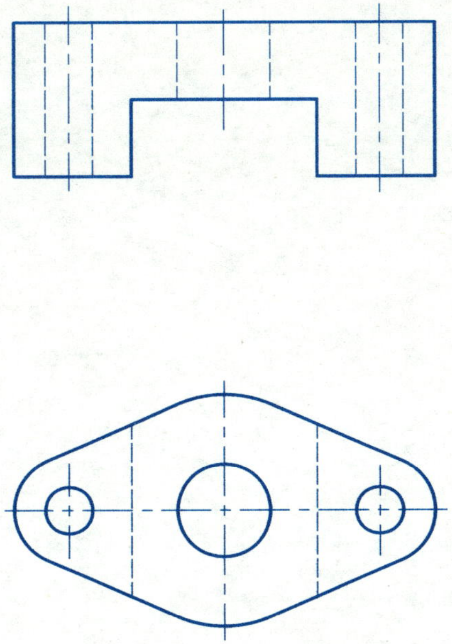

2.

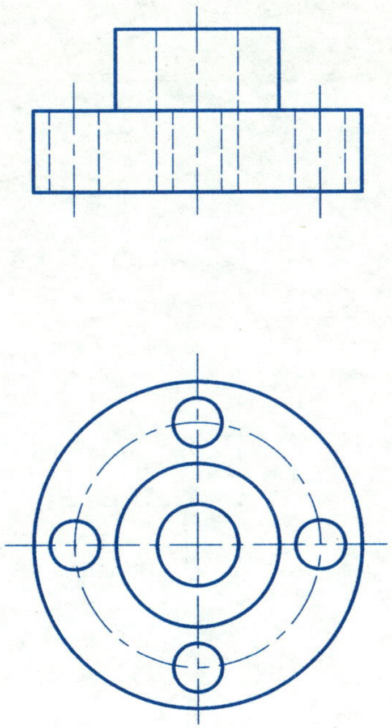

3.

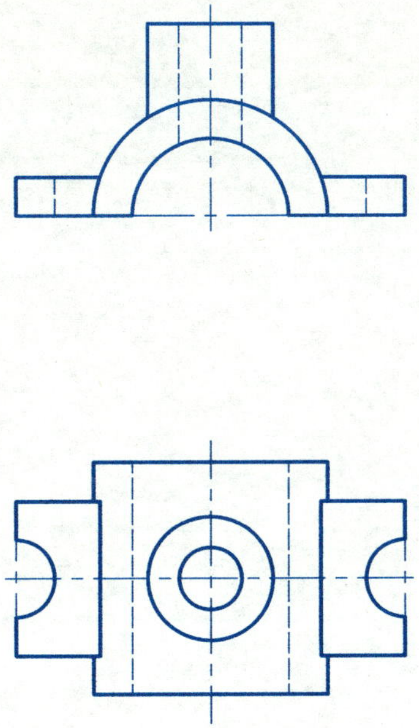

班级__________　姓名__________　学号__________

5-15　根据组合体的轴测图画出三视图，并标注尺寸(一)

一、作图目的

1. 熟悉组合体视图的画图方法与步骤。

2. 熟悉组合体尺寸标注方法。

二、作图内容及要求

1. 内容：根据组合体立体图，选择适当的比例在 A3 图幅上画出组合体的三视图，并标注尺寸。

2. 要求：

(1)主视图选择合理，视图表达完整清楚，投影正确。

(2)尺寸标注正确、完整、清晰。

三、绘图步骤

1. 分析组合体，弄清各形体表面之间的连接关系，对所画形体做到心中有数。

2. 选好主视图，按自然位置摆放好后，选最能突出其形状和位置特征的方向作为主视图的投影方向。

3. 合理布图，画中心线、基准线。

4. 用形体分析法逐个画出各形体底稿，注意每一形体的三个视图一定要联系起来画，满足“三等”规律。

5. 对底稿进行认真检查，确认无误后，按规定线型加深。

6. 按要求标注尺寸。

7. 填写标题栏。

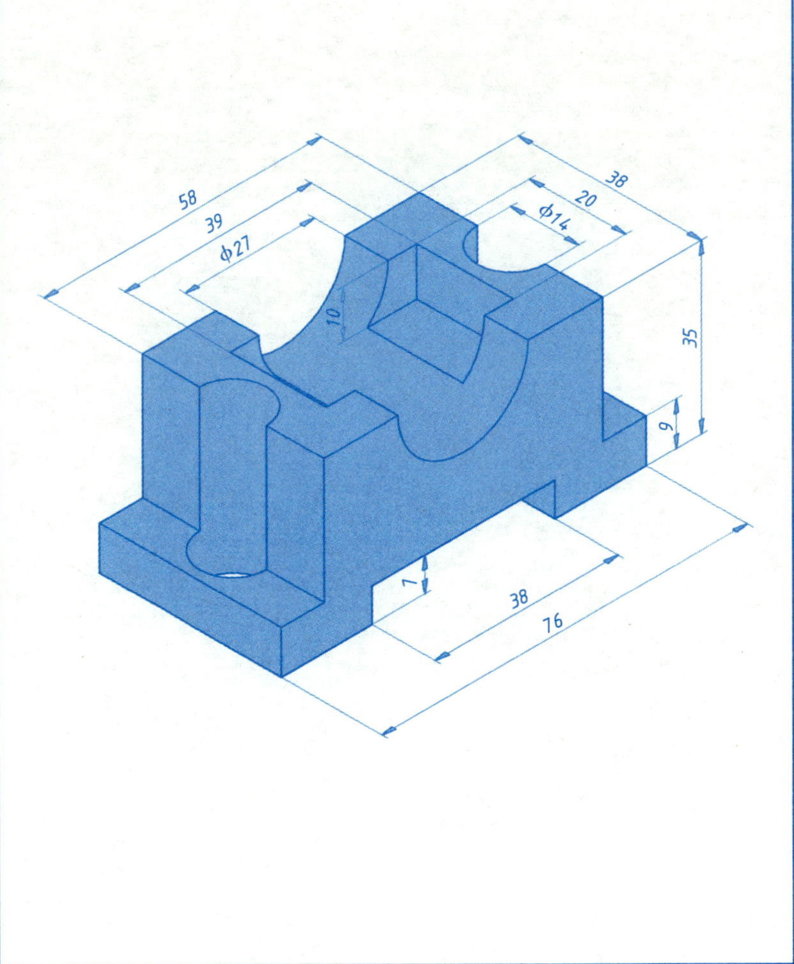

班级__________　姓名__________　学号__________

5-16　根据组合体的轴测图画出三视图，并标注尺寸(二)

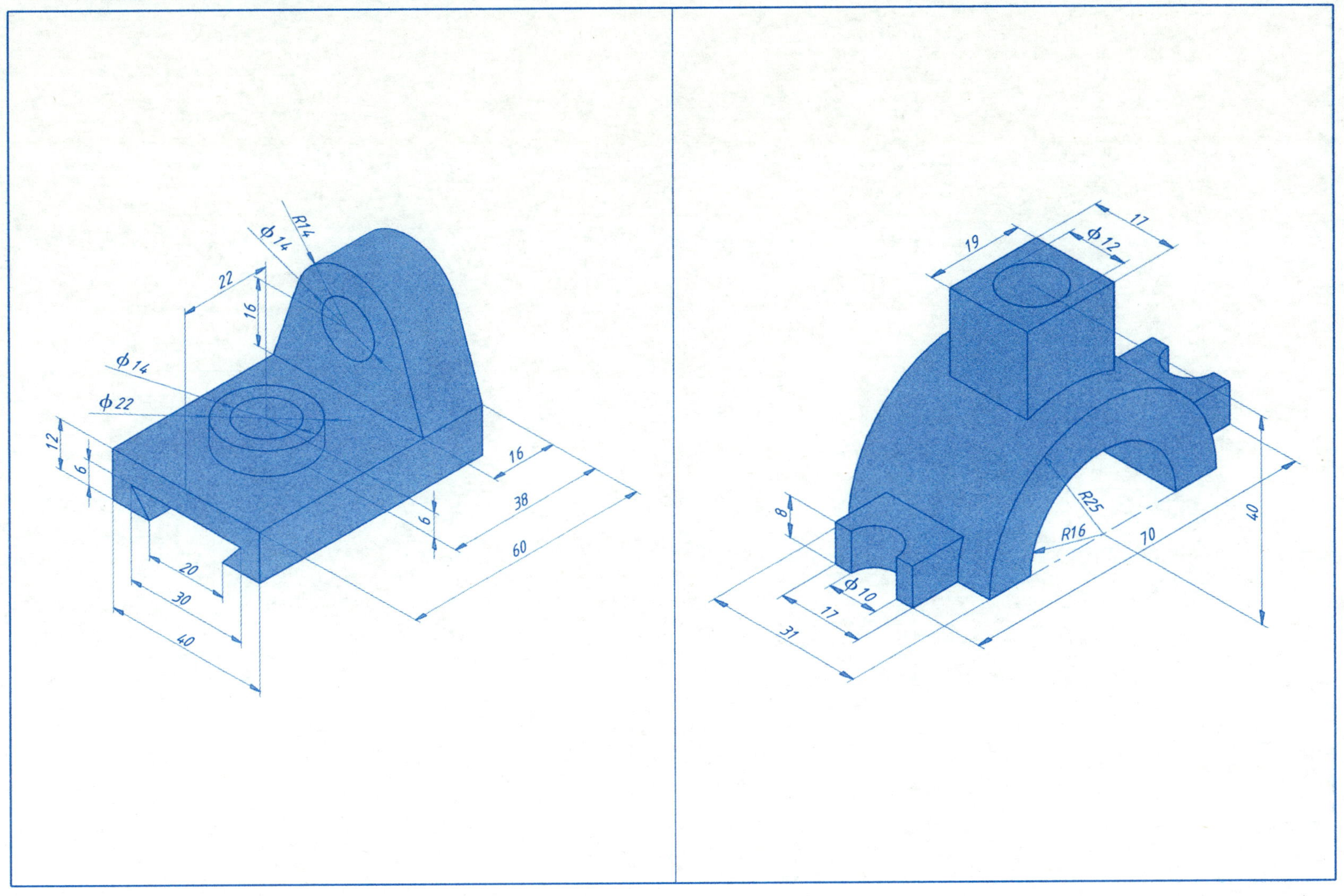

班级__________　姓名__________　学号__________

第六章　机件常用表达方法

6-1　基本视图和向视图

1. 根据立体图，画仰、后、右视图。

2. 分析下面一组视图，对向视图进行标注。

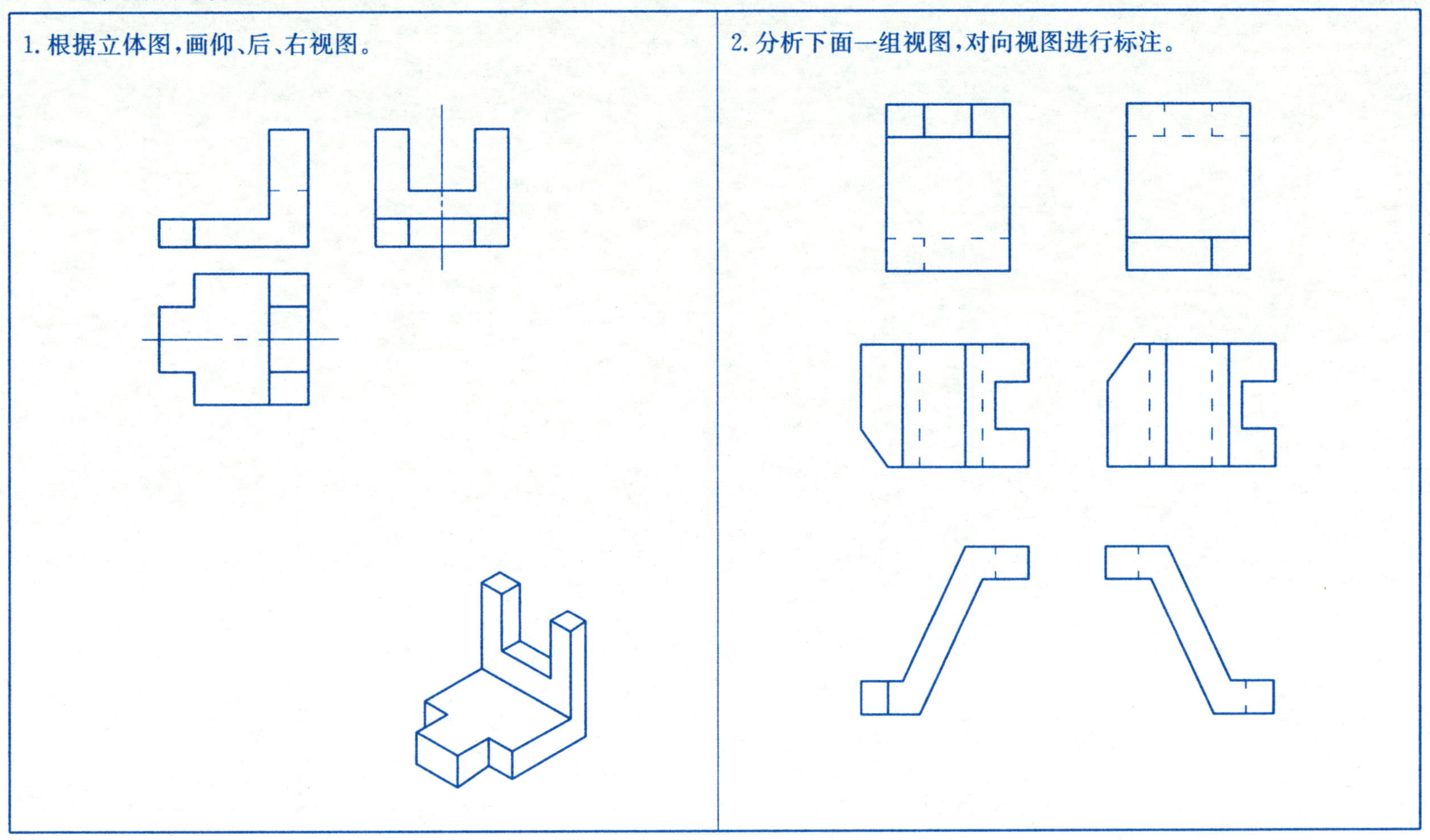

班级____________　　姓名____________　　学号____________

1. 作出图形所标注的局部视图和斜视图，并标注。

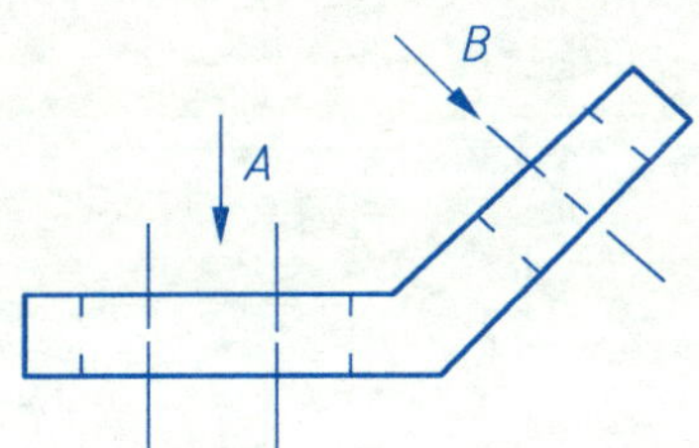

2. 按箭头所指画出局部视图和斜视图，并标注。

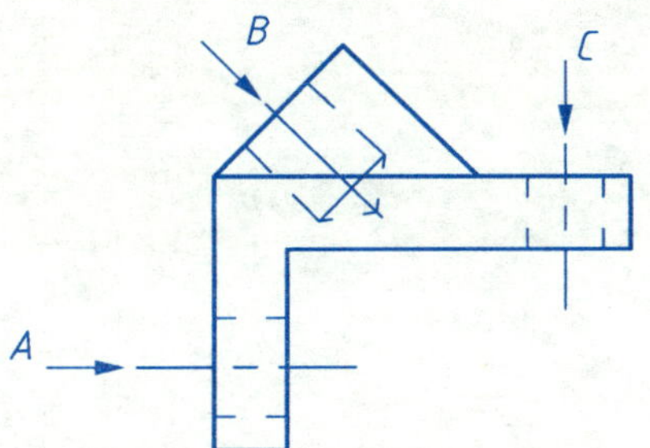

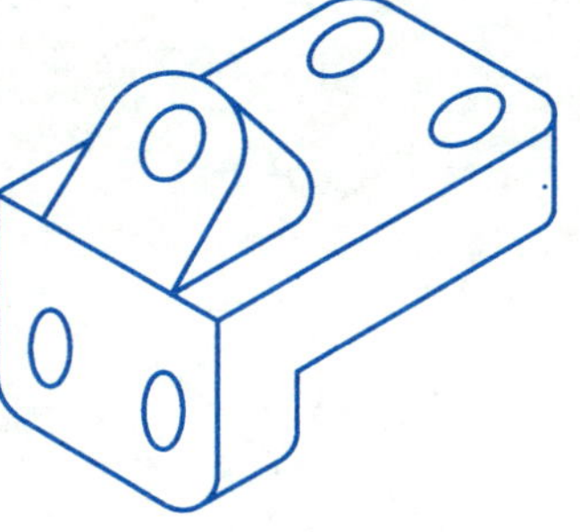

班级__________ 姓名__________ 学号__________

6-3　补画剖视图中的漏线

1.

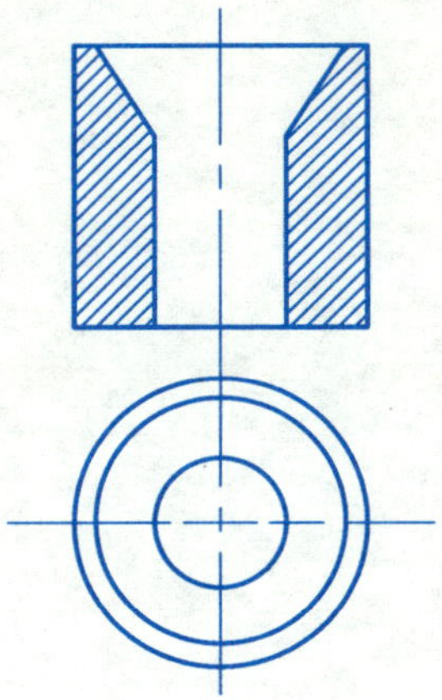

2.

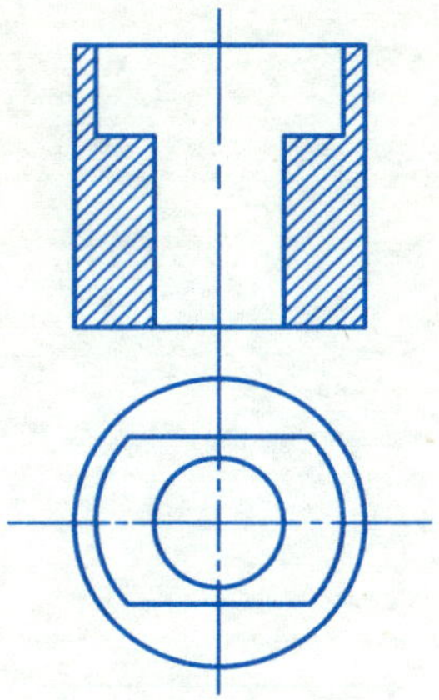

3.

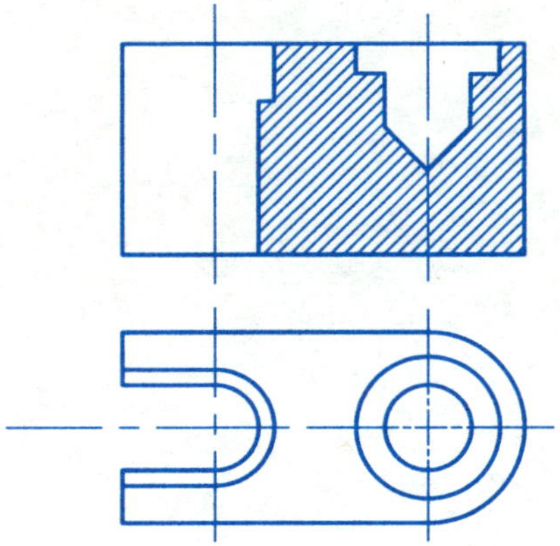

4.

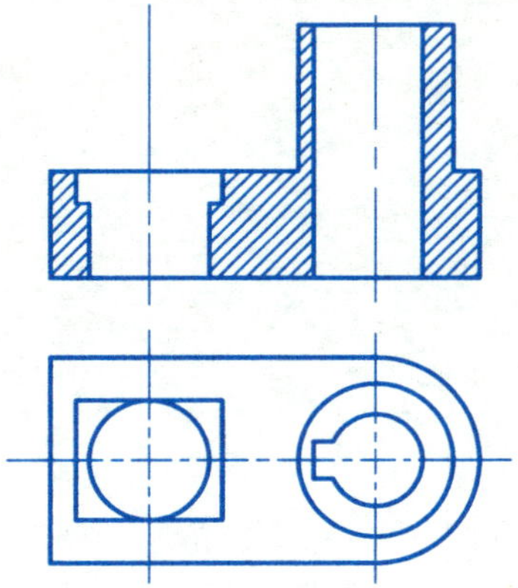

班级________　　姓名________　　学号________

6-4　全剖视图(一):将主视图改为全剖视图。

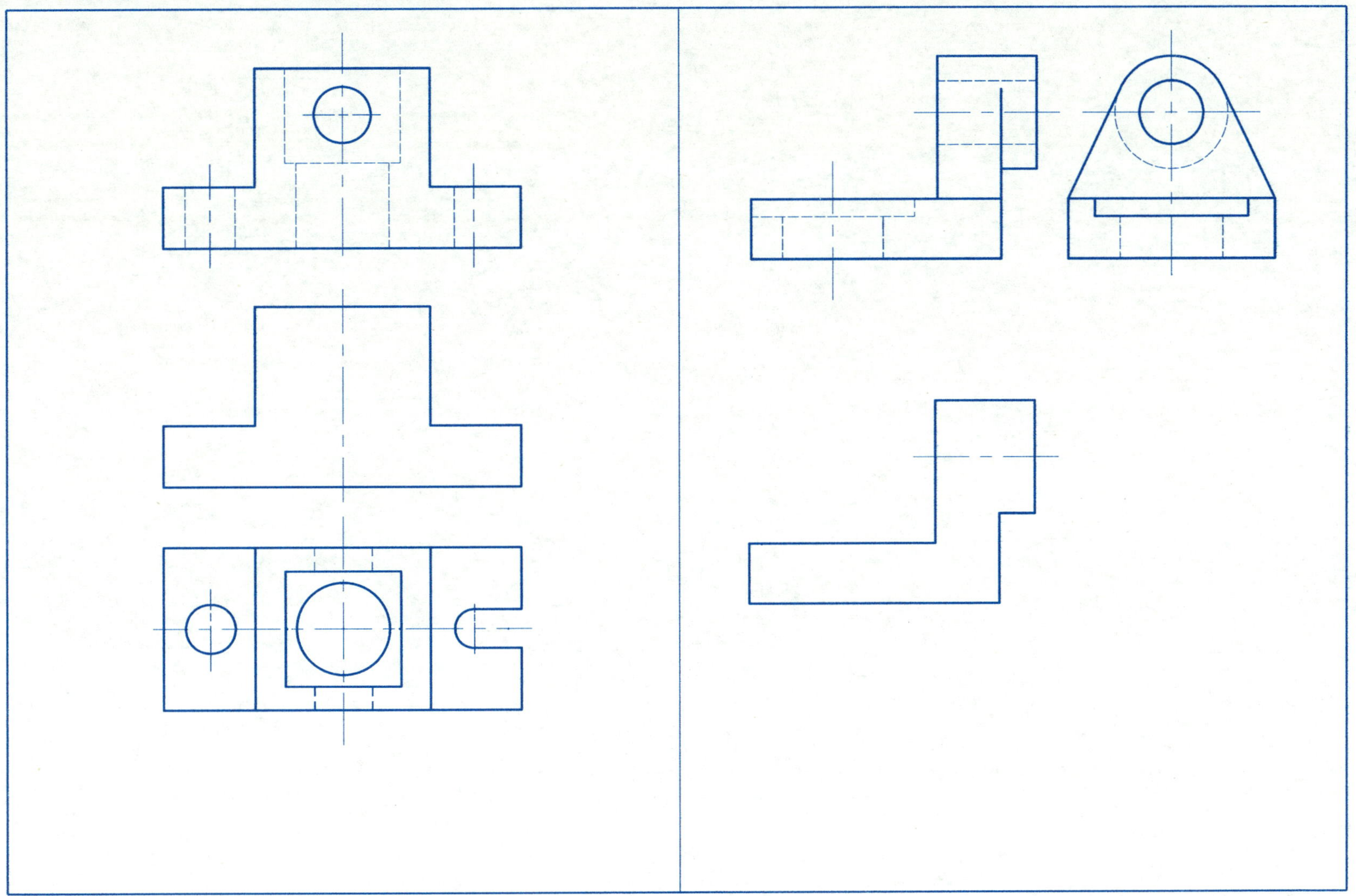

班级＿＿＿＿＿＿　　姓名＿＿＿＿＿＿　　学号＿＿＿＿＿＿

6-5　全剖视图(二):将主视图改为全剖视图。

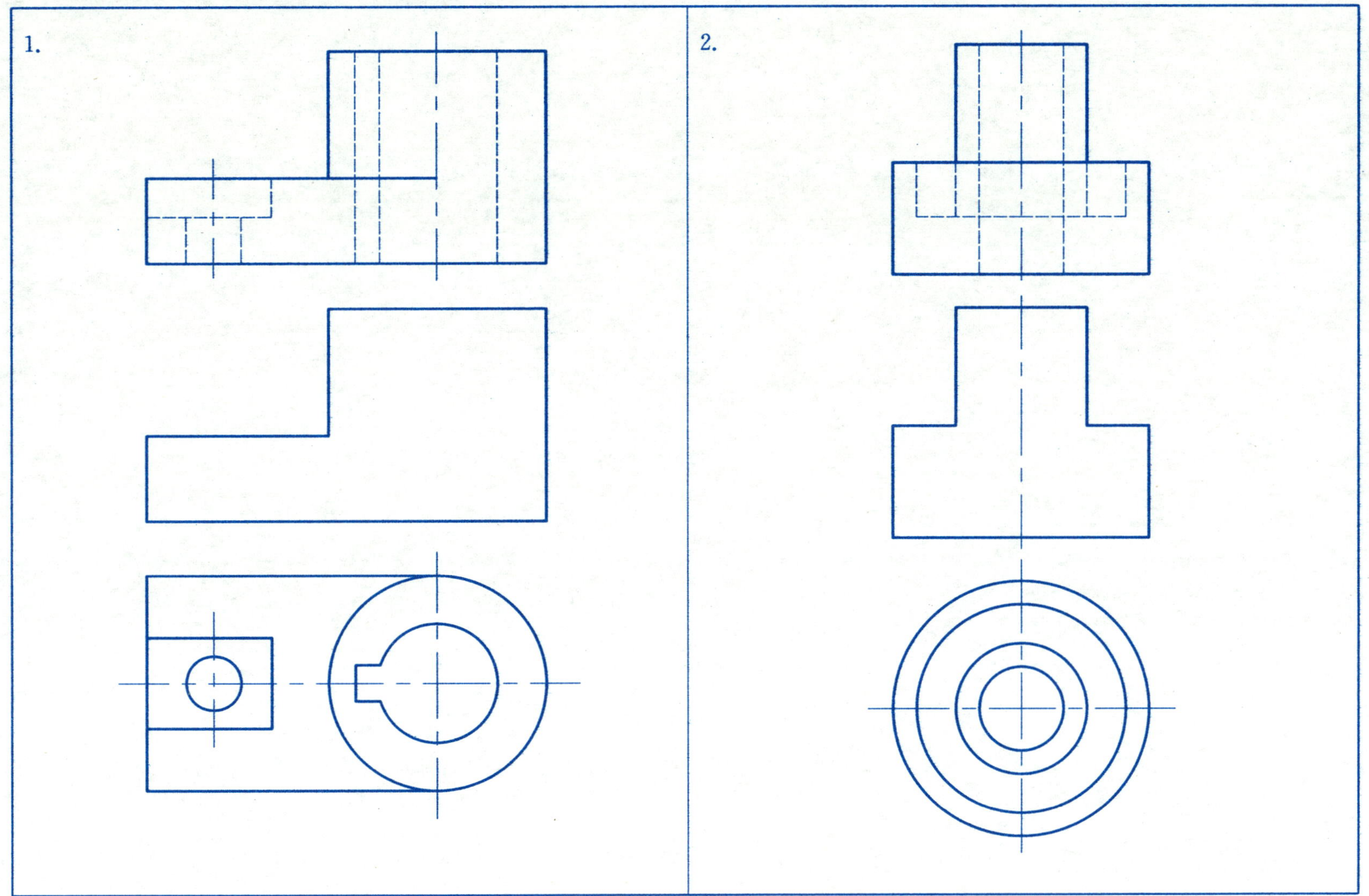

班级____________　姓名____________　学号____________

6-6 全剖视图(三):根据给出的视图和剖视图,作出 C-C 全剖视图。

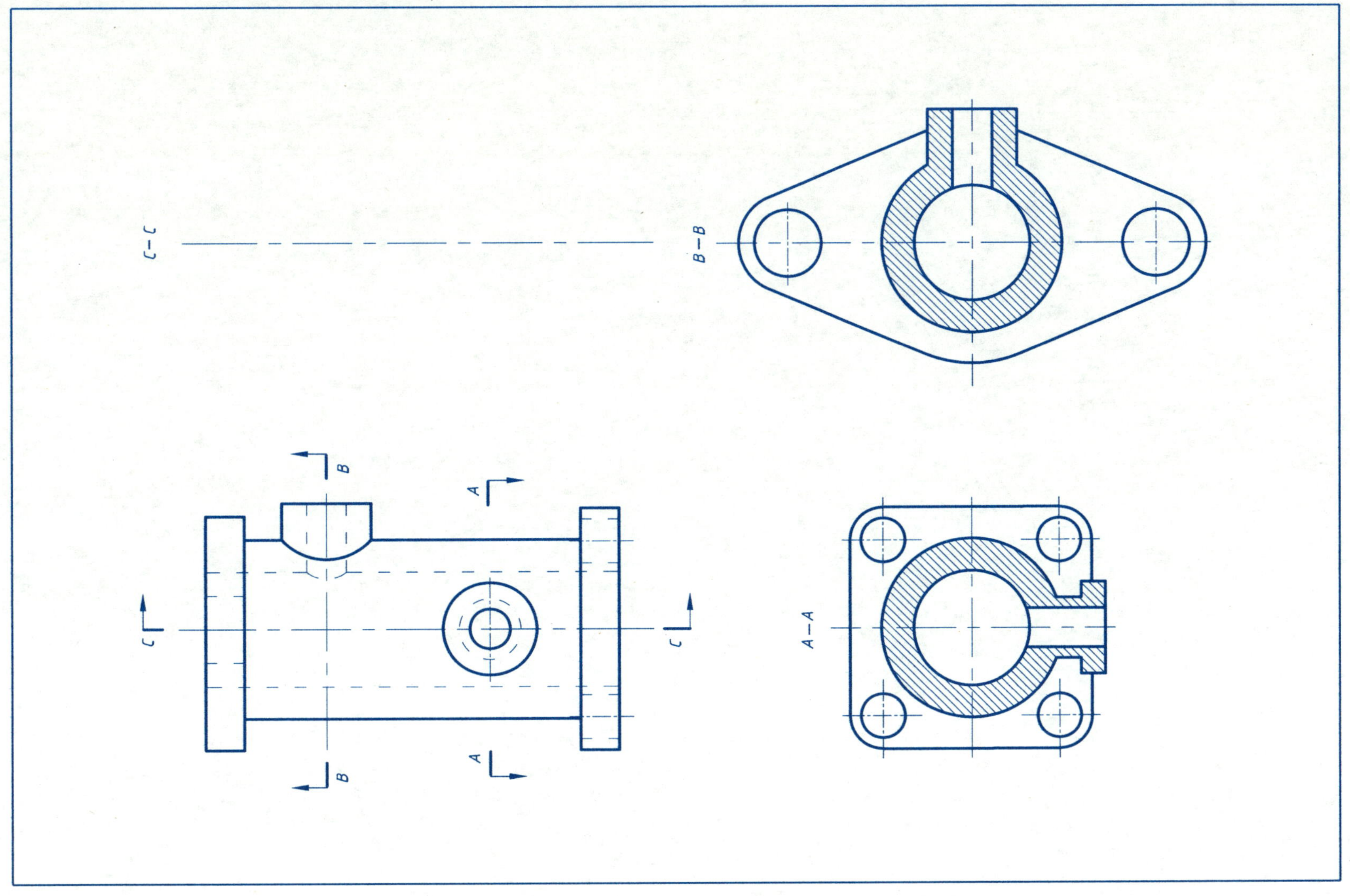

班级____________ 姓名____________ 学号____________

6-7 半剖视图(一):将主视图改为半剖视图。

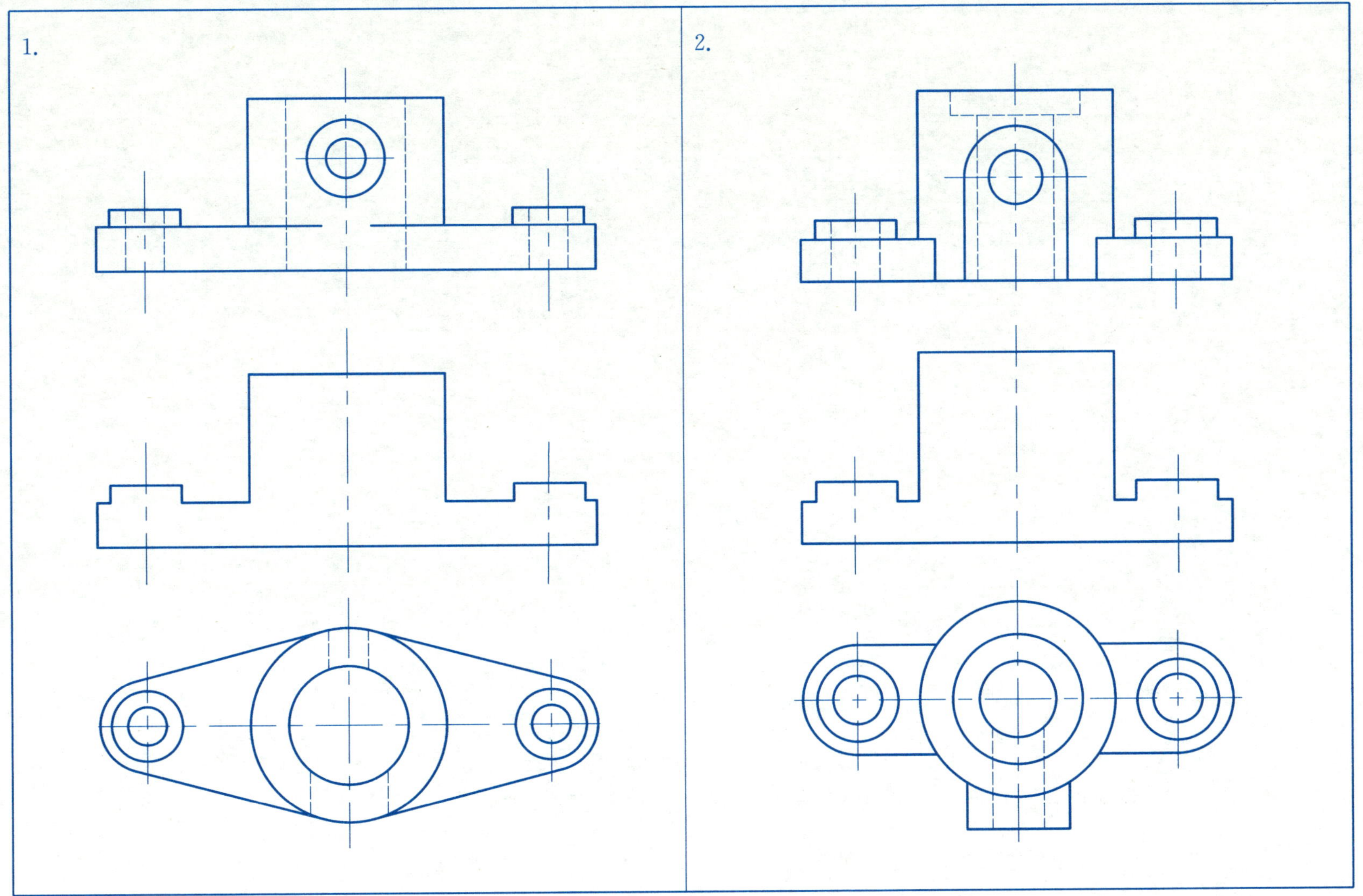

班级__________ 姓名__________ 学号__________

6-8　半剖视图(二):将主视图改为半剖视图。

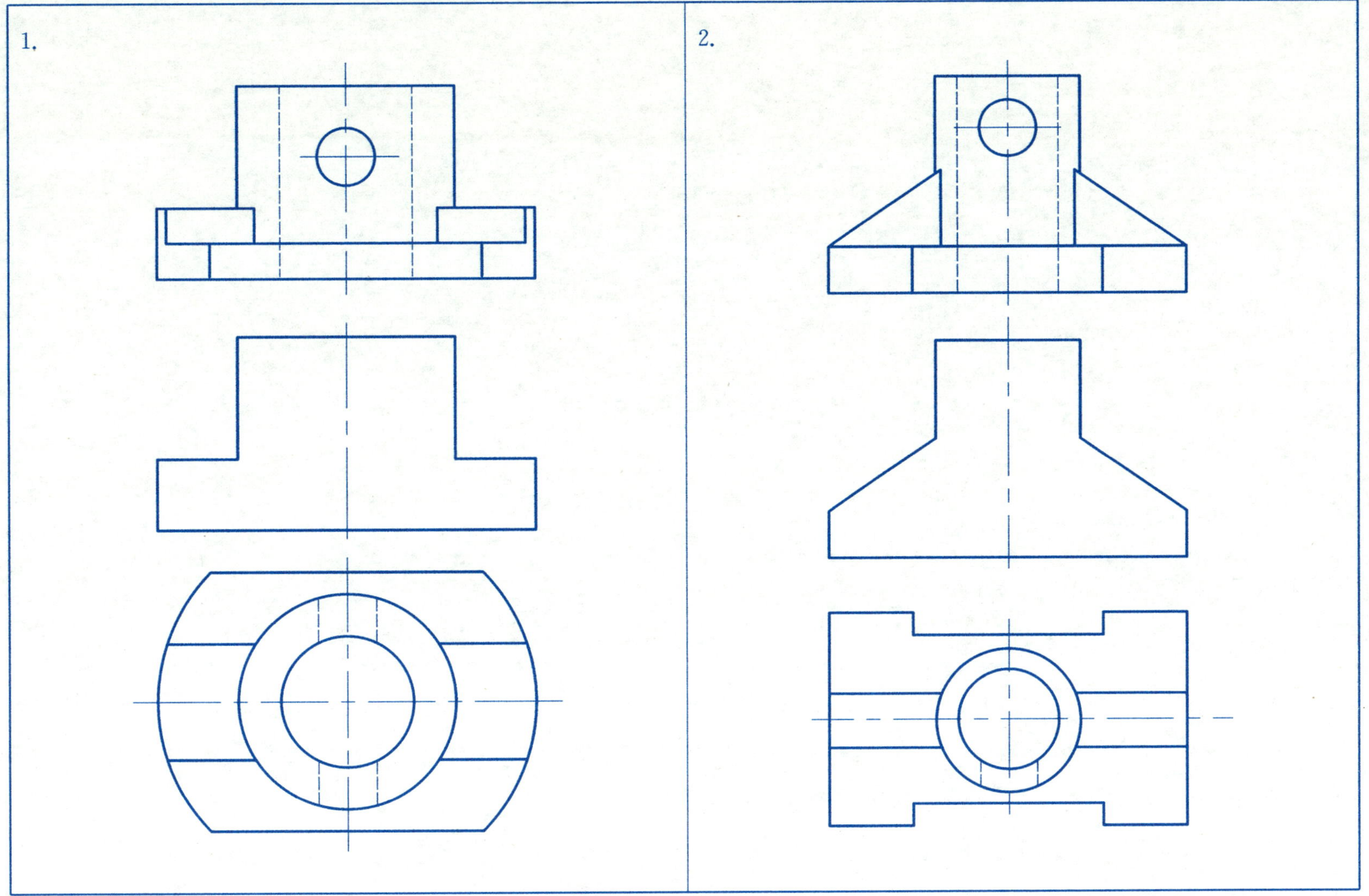

班级＿＿＿＿＿＿　姓名＿＿＿＿＿＿　学号＿＿＿＿＿＿

6-9　全剖、半剖视图综合应用(一)：先完成主视图，并作全剖的左视图，然后在空白处再将主视图改画为半剖视图。

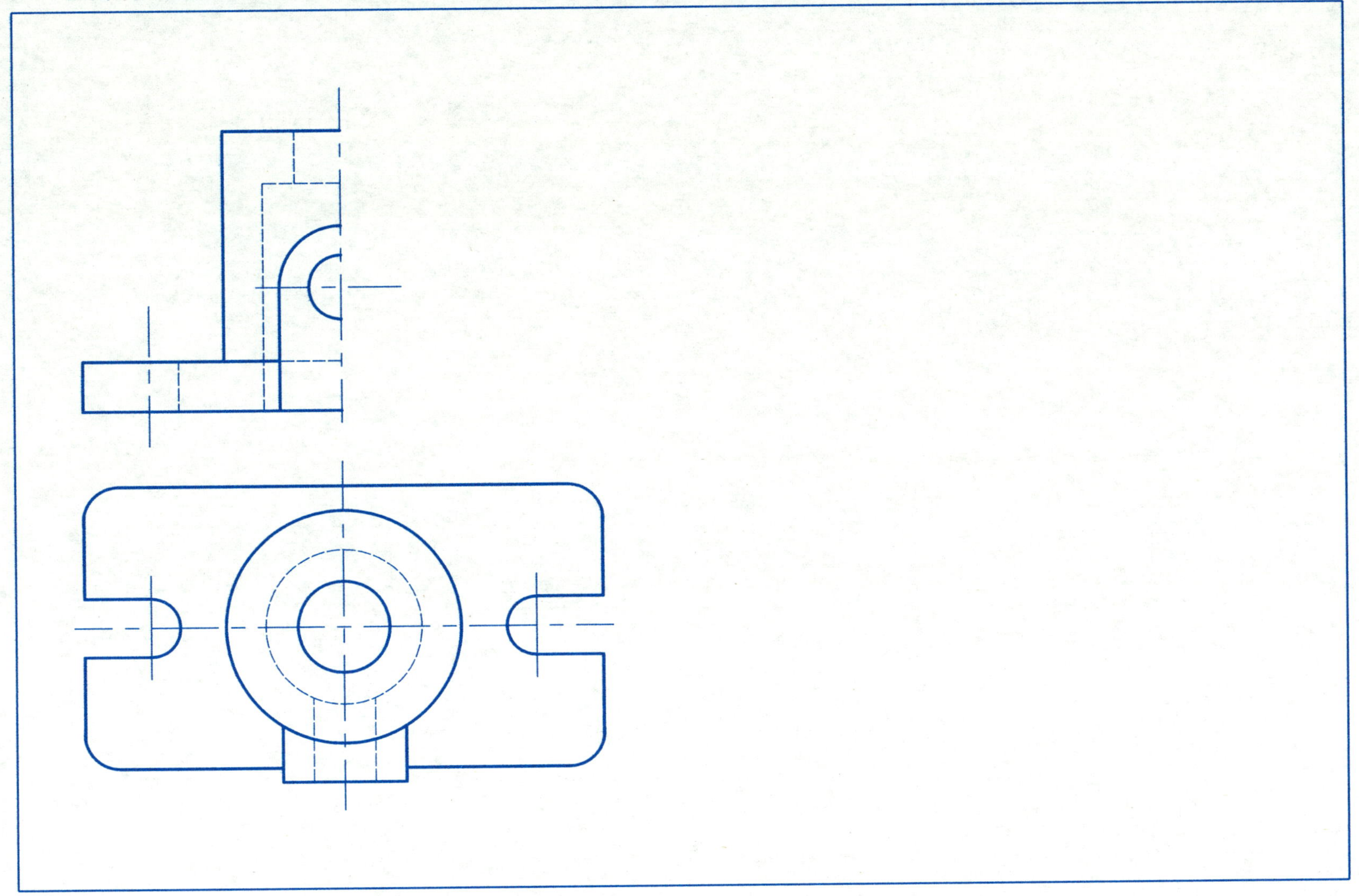

班级____________　　姓名____________　　学号____________

6-10 全剖、半剖视图综合应用(二):将主视图改为全剖视图,并作出 A-A 半剖视图。

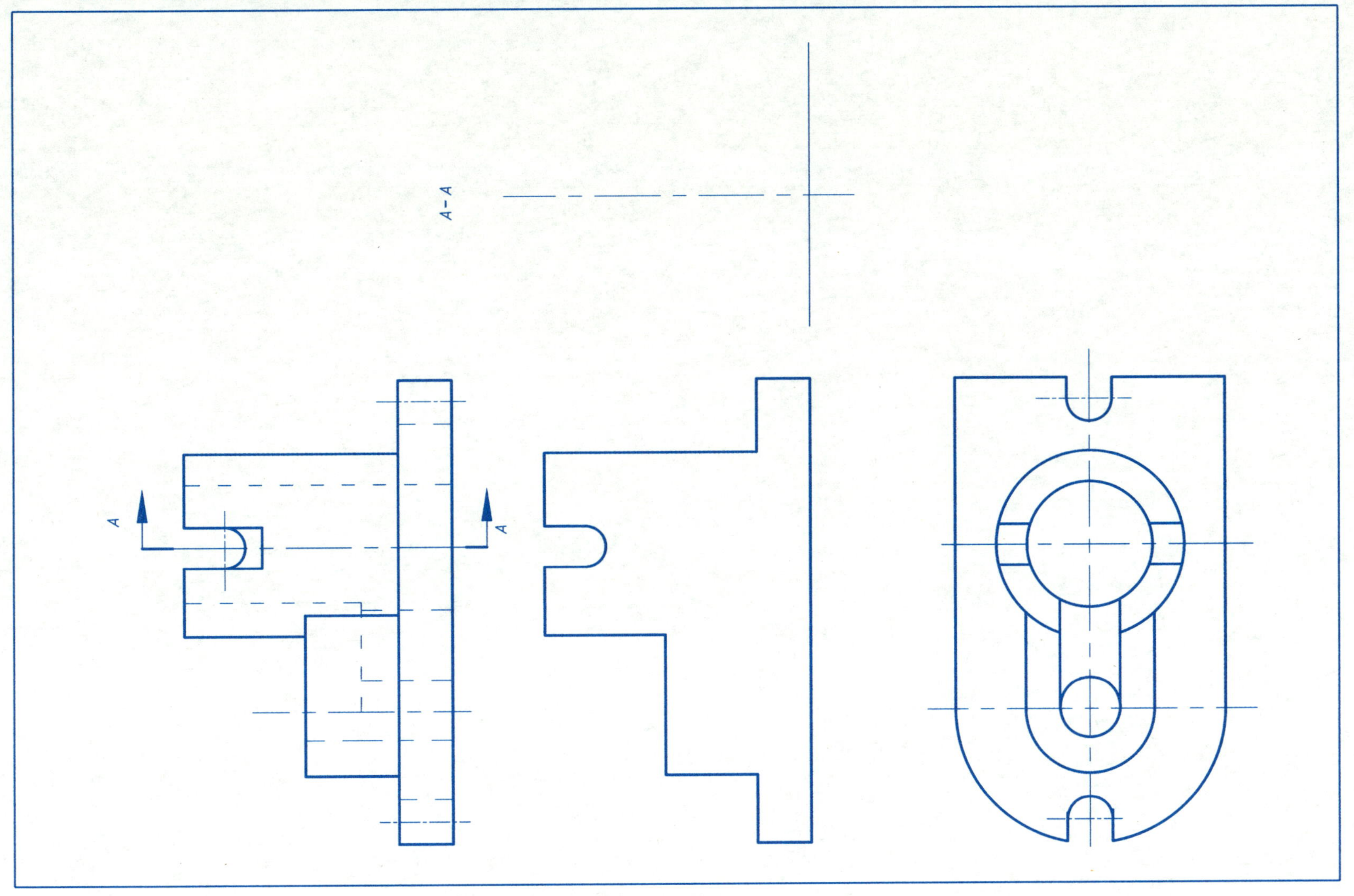

6-11　局部剖视图：在指定的位置作出局部剖视图。

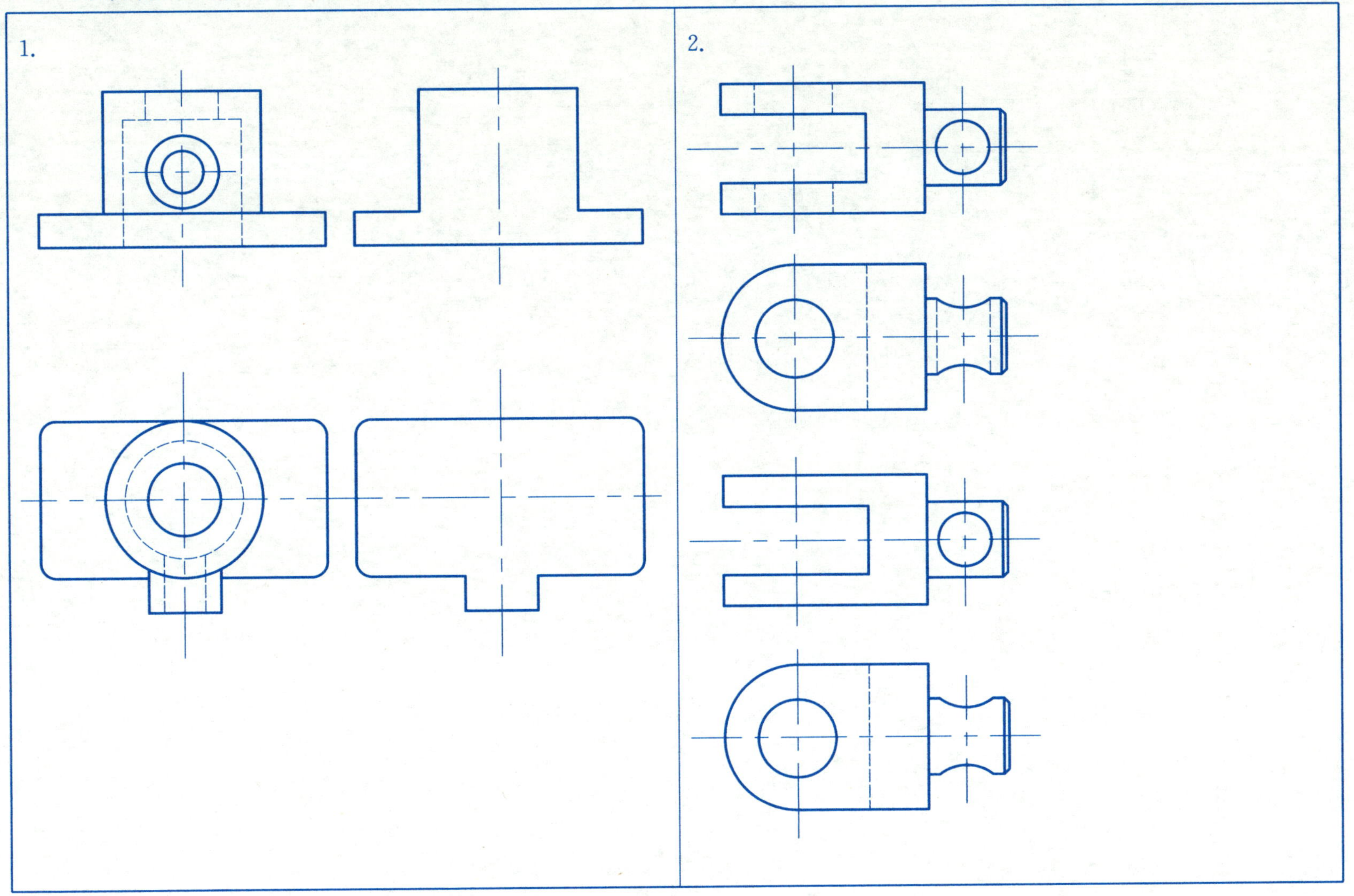

6-12　选择题：按要求选择正确的剖视图，在相应的序号后打“√”。

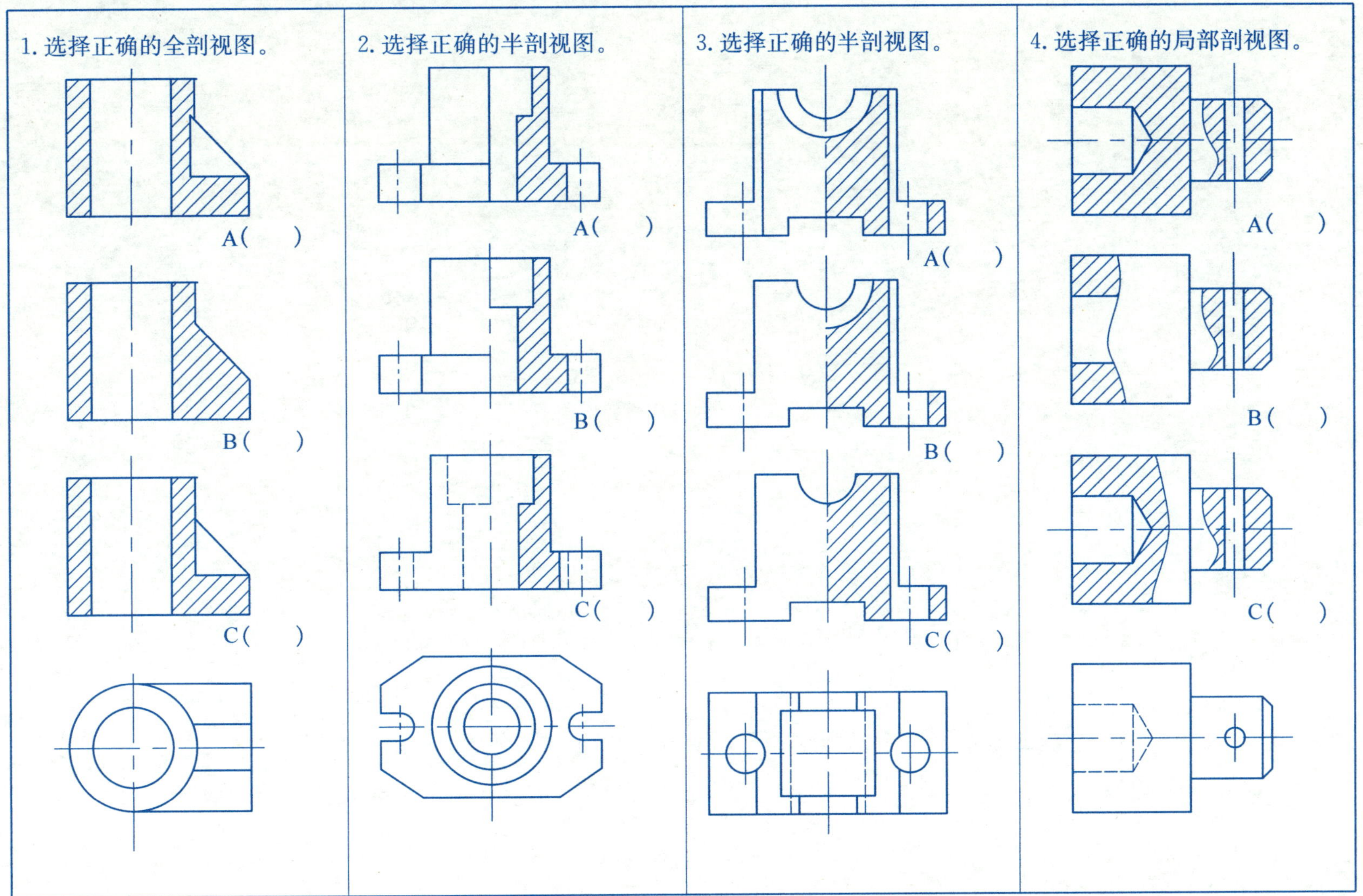

班级＿＿＿＿＿＿　　姓名＿＿＿＿＿＿　　学号＿＿＿＿＿＿

1. 将主视图改画成阶梯剖视图。

2. 将主视图改画成旋转剖视图。

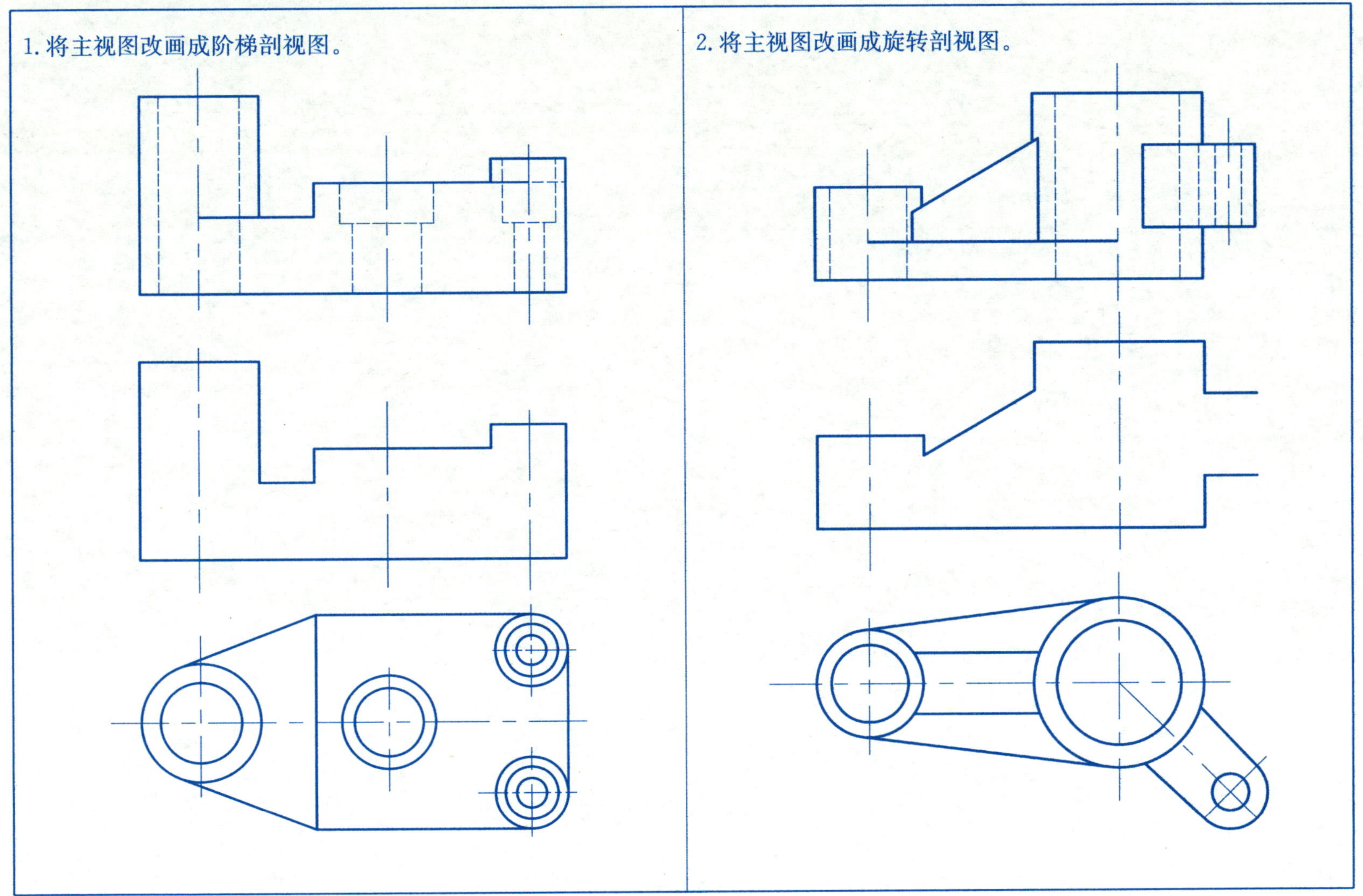

1. 在指定的位置将主视图画成复合剖视图。

2. 用单一剖切面作出机件的 A-A 和 B-B 剖视图。

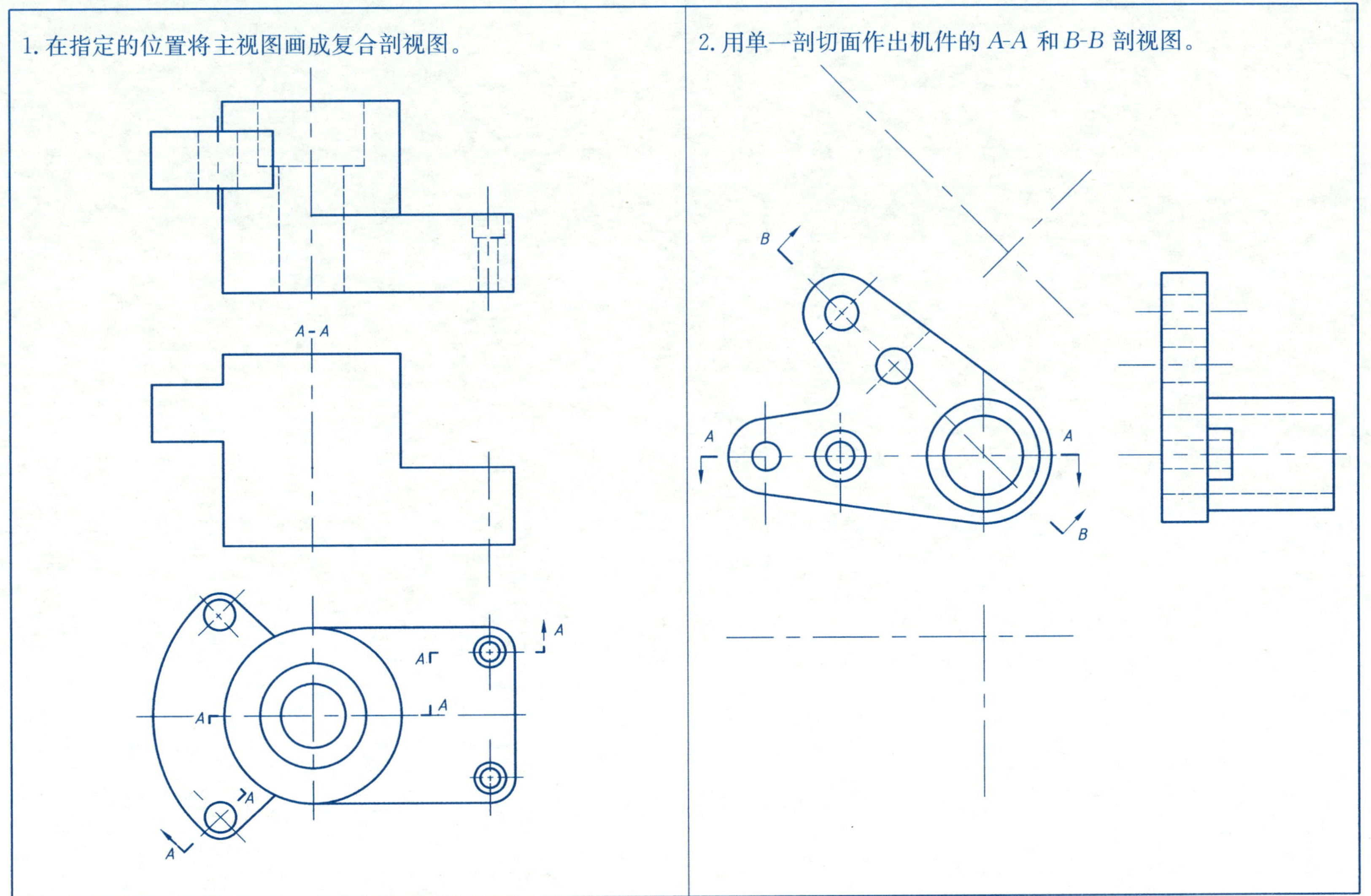

班级__________　姓名__________　学号__________

6-15 断面图(一)

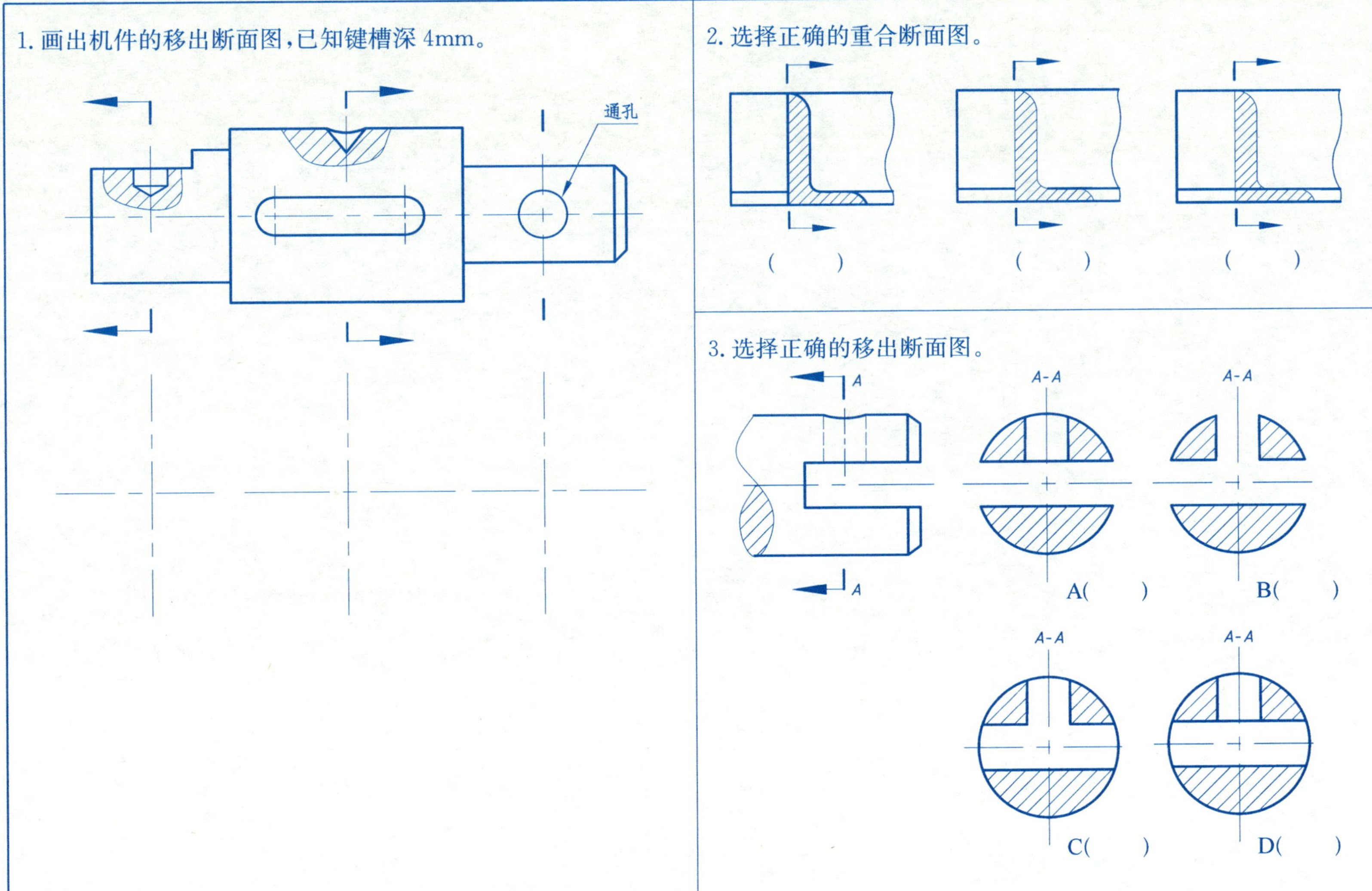

班级__________ 姓名__________ 学号__________

6-16　断面图(二):作指定位置的移出断面图(已知 E-E 处键槽深 4 mm)。

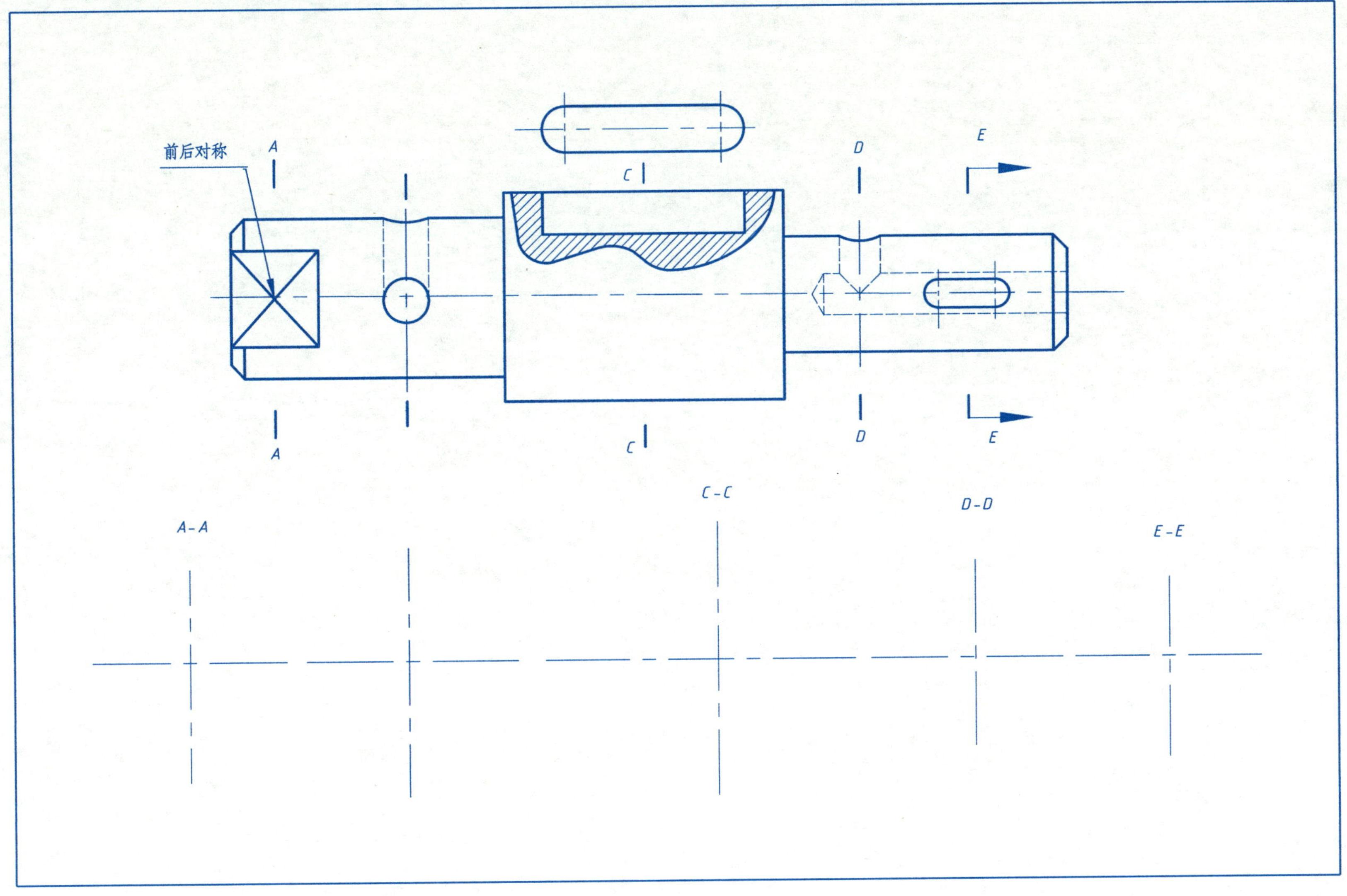

班级________　姓名________　学号________

第七章　标准件

7-1　螺纹的画法:改正螺纹画法中的错误。

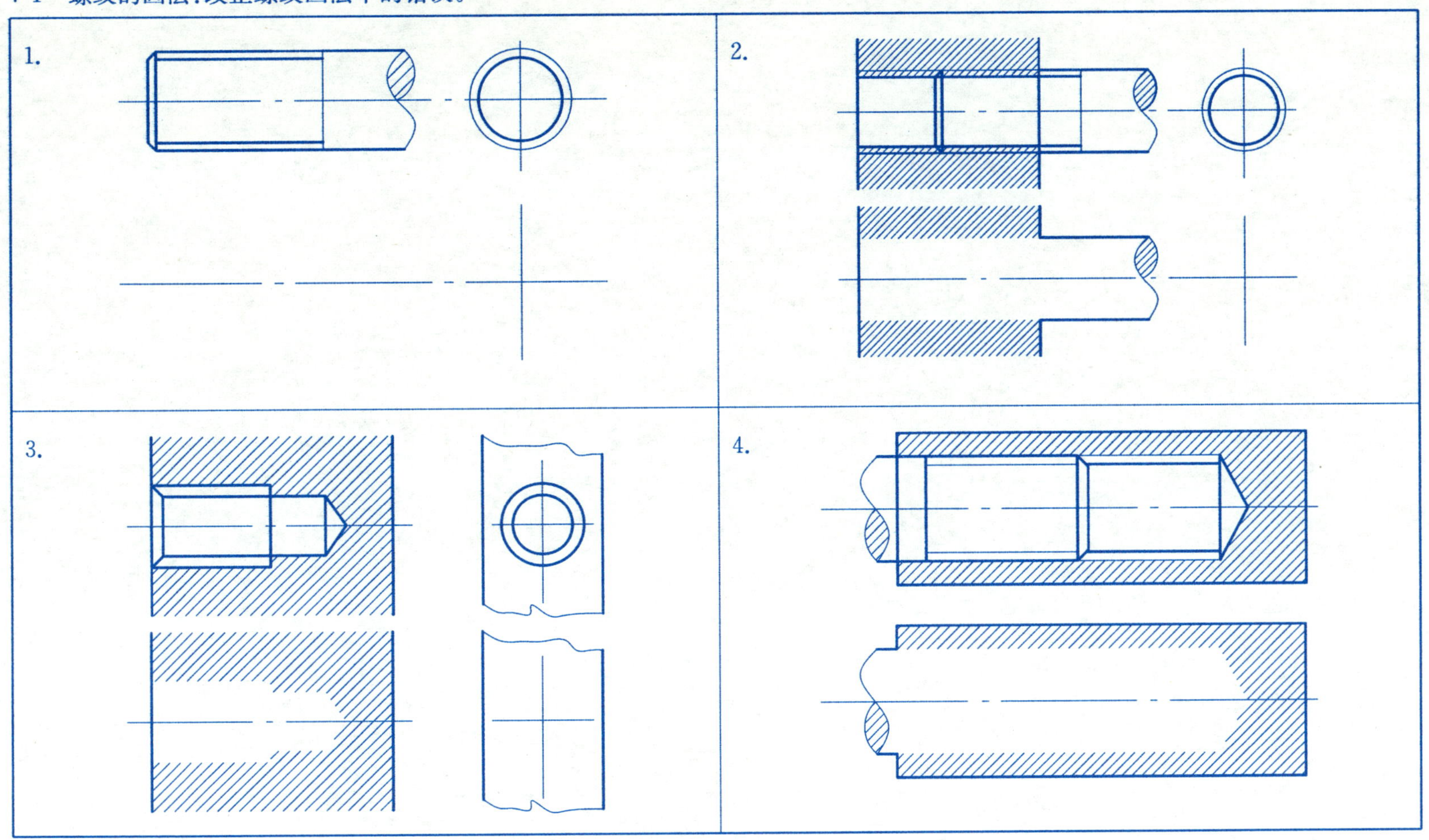

班级__________　姓名__________　学号__________

7-2　螺纹的标注：按要求标注螺纹。

1. 粗牙普通螺纹，公称直径 24 mm，螺距 3 mm，单线，右旋；中径和顶径公差带代号均为 6H；长旋合长度。

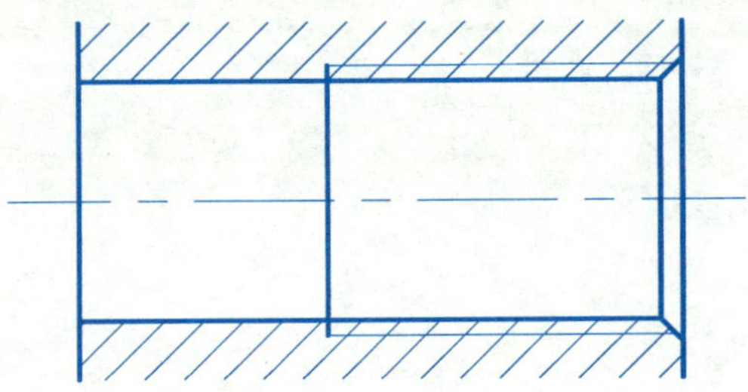

2. 55°非密封管螺纹，尺寸代号 3/4，公差等级 A。

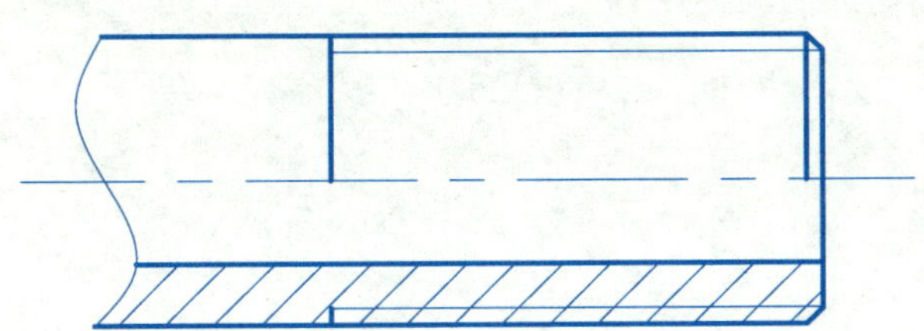

3. 细牙普通螺纹，公称直径 30 mm，螺距 1.5 mm，单线，左旋；中径和顶径公差带代号均为 6g；中等旋合长度。

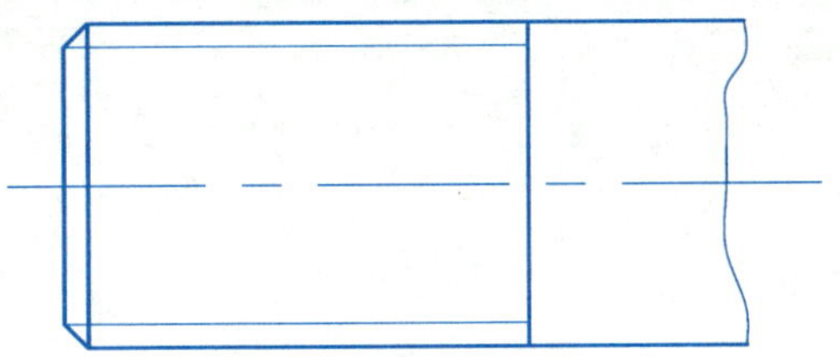

4. 梯形螺纹，公称直径 24 mm，导程 10 mm，双线，左旋；中径公差带代号 7e，中等旋合长度。

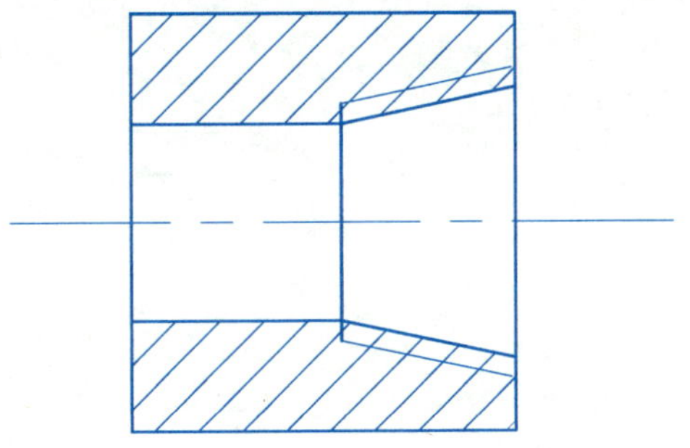

班级＿＿＿＿＿＿　姓名＿＿＿＿＿＿　学号＿＿＿＿＿＿

7-3 螺纹紧固件的连接画法(一)：分析螺栓连接的画法错误，并在右图中改正过来。

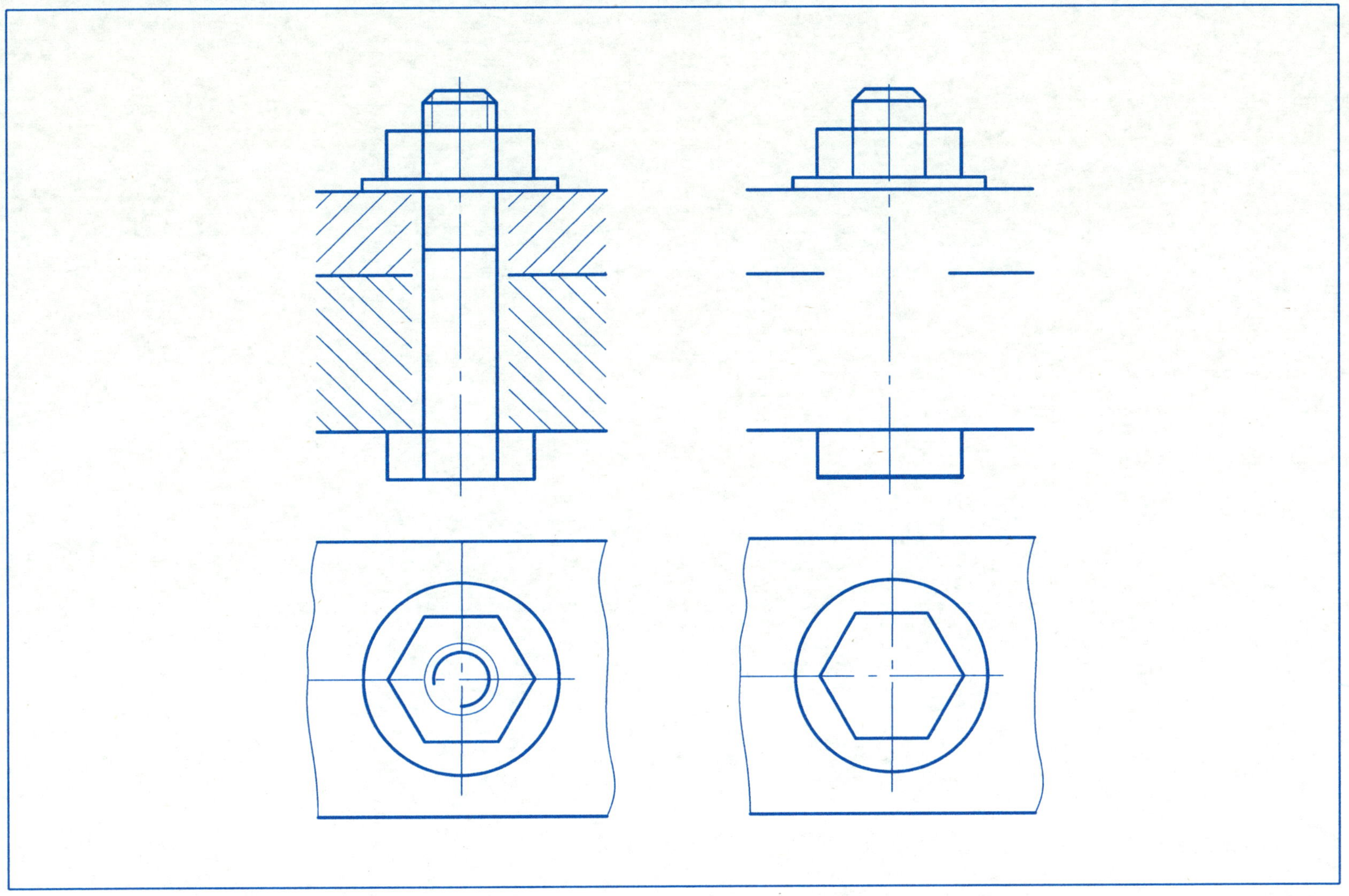

7-4　螺纹紧固件的连接画法(二):分析双头螺柱连接的画法错误,并在右图中改正过来。

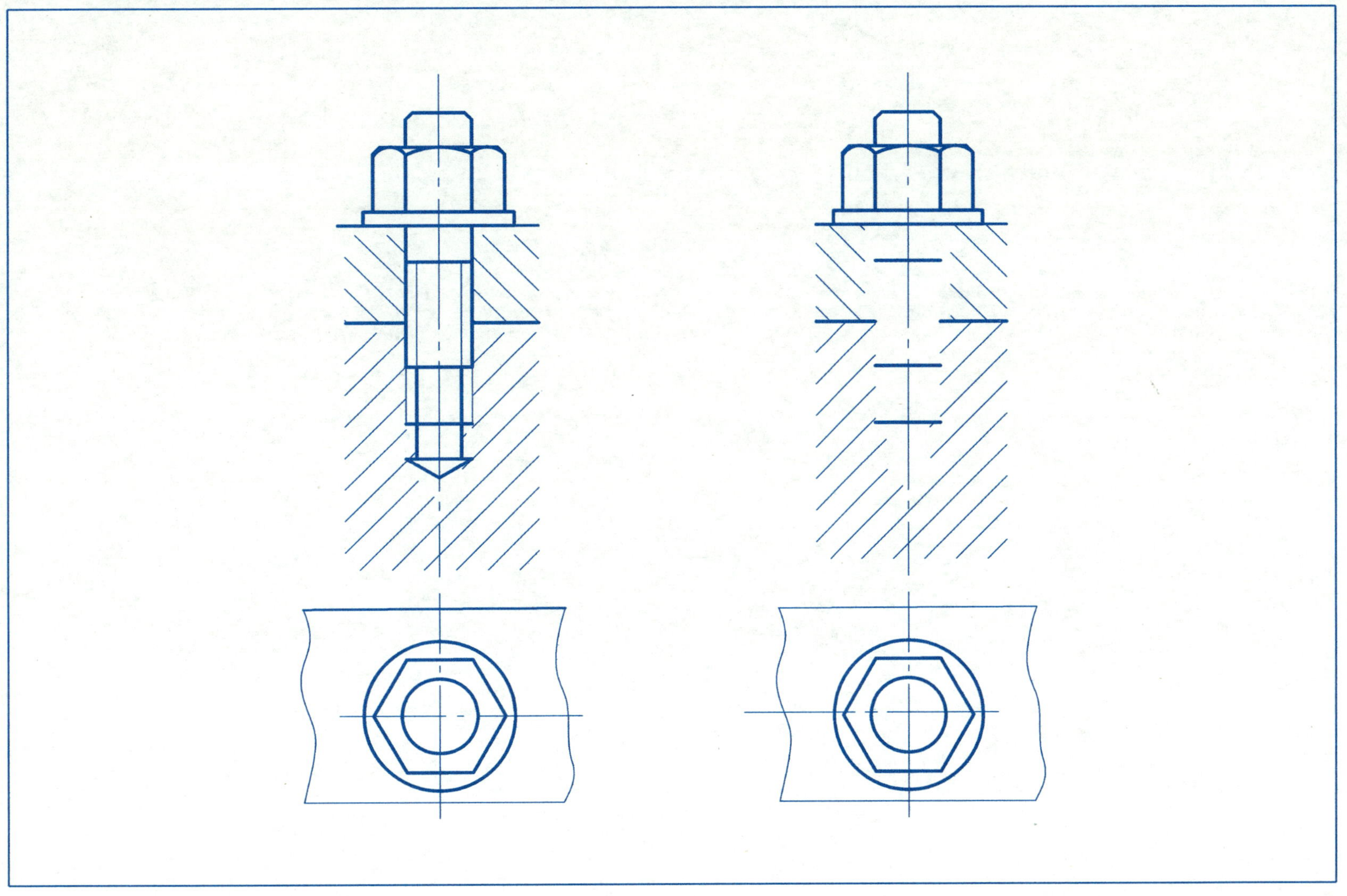

班级____________　　姓名____________　　学号____________

1. 已知一平板形直齿圆柱齿轮的 $m=2, z=20$，要求：(1)列出计算公式，算出 d_a，d 及 d_f；(2)补全齿轮的两视图；(3)补全齿轮及键槽尺寸。

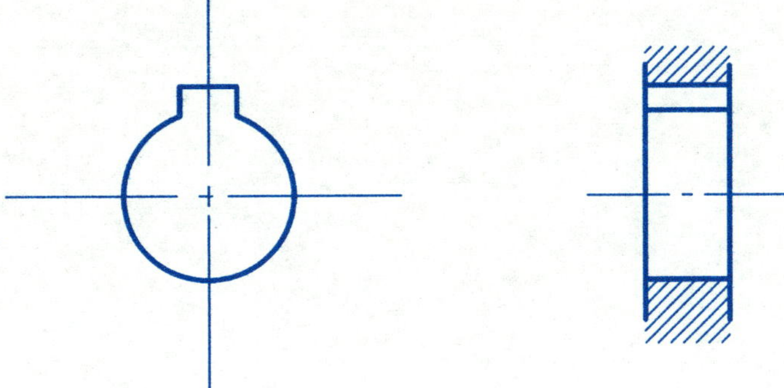

第八章　零件图

8-1　读轴套类零件图，回答问题

1. 该零件的基本形体是________体，属于________类零件。该零件共用________个图形表达，其中主视图选择符合________位置原则，Ⅰ、Ⅱ图称为________图，其余三个视图称为________图。
2. 轴上从左至右三个键槽的宽度依次为______、______、______。中间键槽的长度是________，深度是________，定位尺寸为________。
3. 尺寸 1.2×0.6 表示________。
4. 指出该轴主要尺寸基准。
5. $\phi27^{-0.002}_{-0.017}$ 表示该零件的________是 27，且公差为________。
6. 该零件主视图右端是________螺纹，已知该螺纹直径为 16 mm，中径顶径公差带代号为 6g，旋合长度为中等，右旋螺纹，试标注该螺纹。

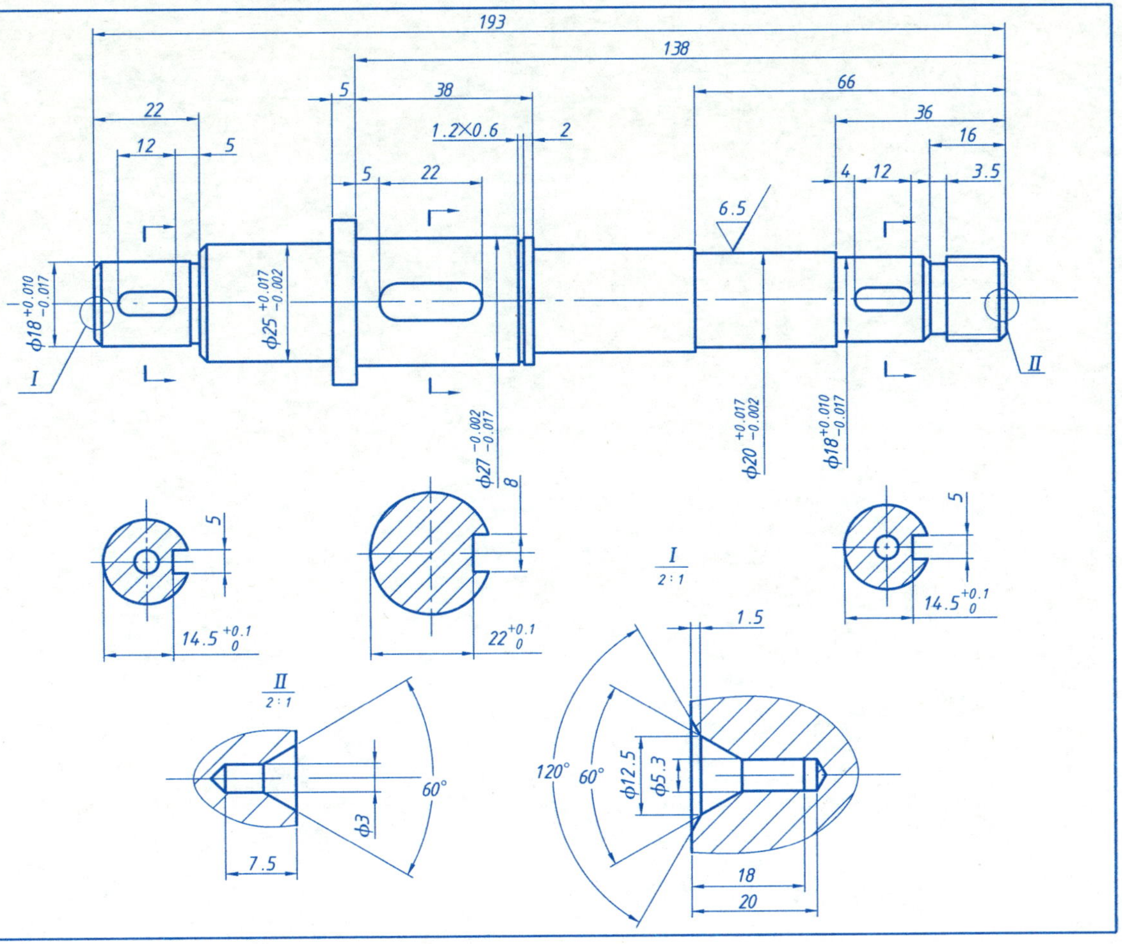

班级________　姓名________　学号________

8-2　读轮盘类零件图,回答问题

1. 该零件为________类零件。
2. E 端面有________个螺孔,螺纹的公称尺径是________;F 端面有______个沉孔,轴向尺寸是______,径向尺寸是________。
3. 3.2▽ 的含义:用________的方法获得的表面,________的最大允许值为________。
4. | ⊥ | 0.06 | A | 的含义:基准要素是________,被测要素是________,公差项目名称为________,公差值是________。
5. 该零件图用________个图形表达,它们分别是________视图和________视图。

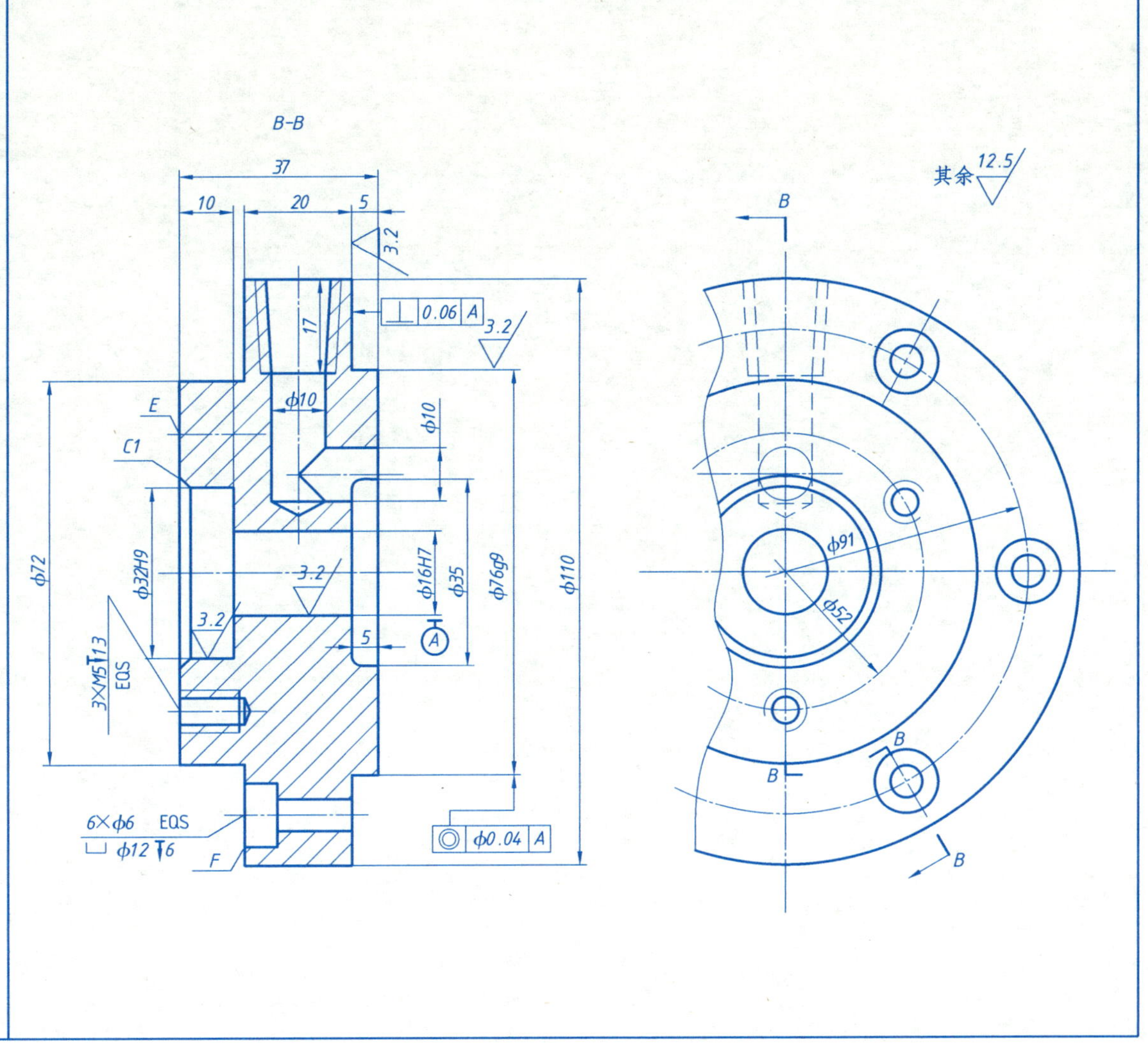

8-3　读叉架类零件图，回答问题

1. 该零件名称是________________，属于________零件，该零件采用的比例为______，材料为______。
2. 该零件的结构形状共用______个图形表达，主和左视图均采用________视图表达，其余图形采用________视图表达。
3. 指出断面图中尺寸在左视图中的位置。
4. 图中锪平孔标注的含义是______________________________。
5. 圈出图中的定位尺寸。
6. 图中使用粗糙度最多面的数值是________μm，最小的粗糙度是________μm。若其余表面均为铸造面，试在图中用符号注明。

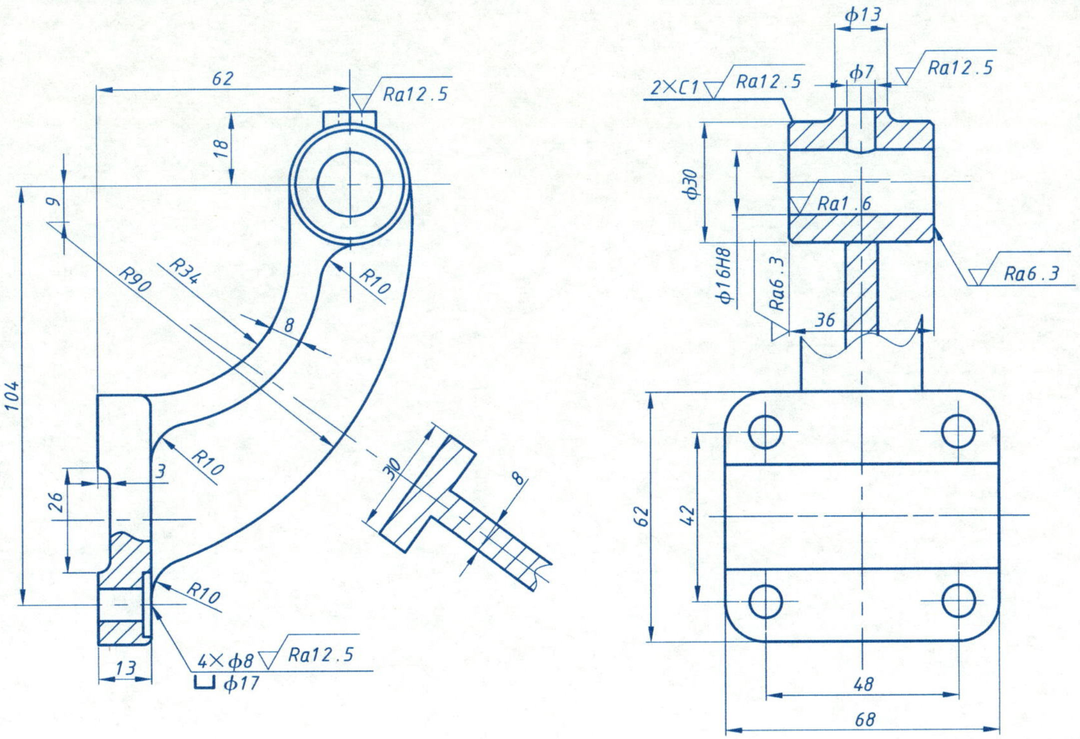

托架	比例	质量	材料	图号
	1:2		45	
制图				
审核				

班级__________　姓名__________　学号__________

1. 箱体采用了________个视图,主视图是________剖,左视图是________剖和________剖,俯视图是________剖。
2. 零件的总体尺寸:长________,宽________,高________。
3. 箱体底座部分有________个沉孔,沉孔直径为________,深度要求________。
4. 该零件表面粗糙度要求最高的是________面,Ra 为________。
5. 孔 $\phi55_{0}^{+0.02}$ 最大可加工成________,最小可加工成________。
6. 解释 | // | φ0.05 | D | 的含义:相对于________的公差是________。

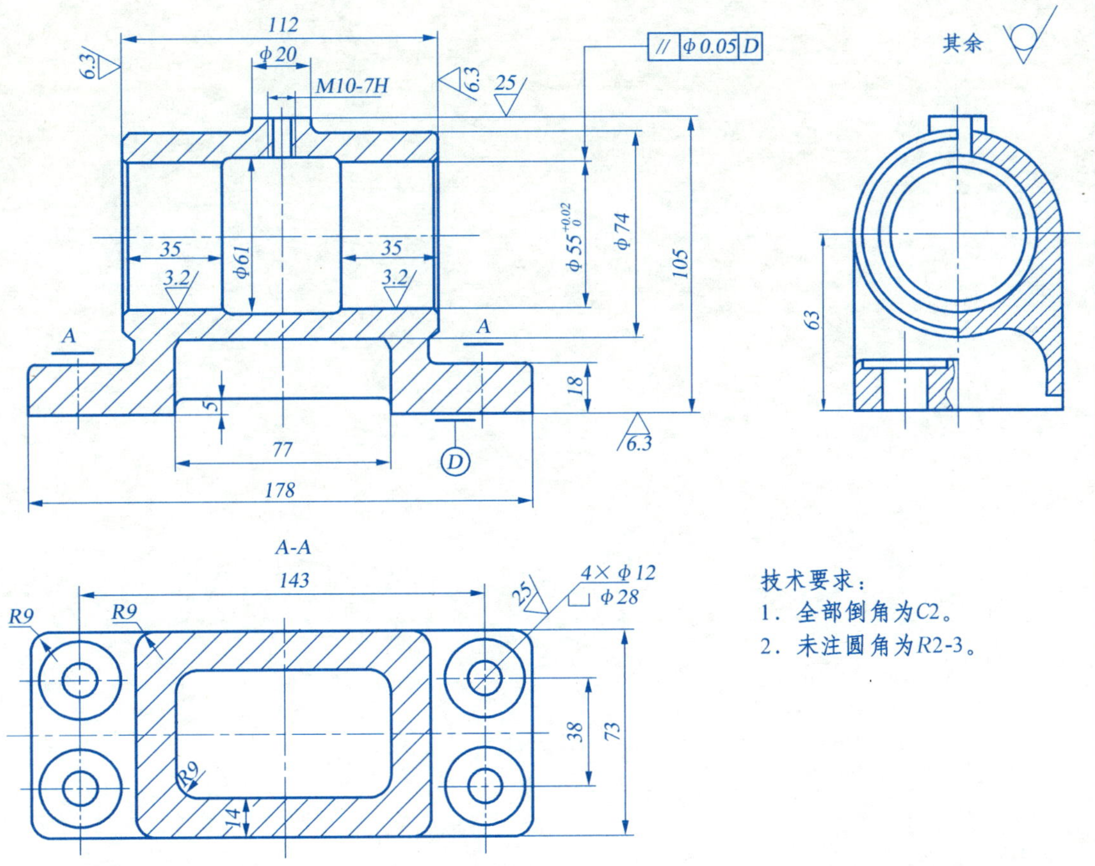

技术要求:

1. 全部倒角为C2。
2. 未注圆角为R2-3。

名称	材料	比例
箱体	HT150	

班级________ 姓名________ 学号________

1. 已知某组件中零件间的配合尺寸如下图所示，试回答以下问题。

(1)说明配合尺寸 $\phi28H6/r5$ 的含义：

A. $\phi28$ 表示________；

B. r 表示________；

C. 此配合是________制________配合；

D. 5、6 表示________。

(2)说明配合尺寸 $\phi18H7/g5$ 的含义：

A. $\phi18$ 表示________；

B. H 表示________；

C. 此配合是________制________配合；

D. 5、7 表示________。

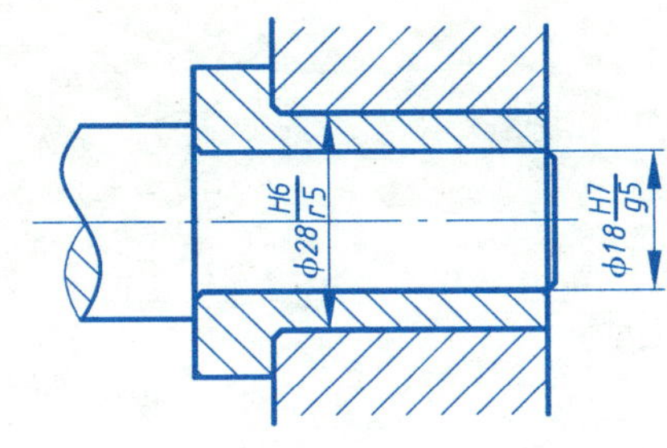

(3) 根据左边装配图中所注的配合尺寸，标注零件图的相应尺寸(要求注出尺寸的上下偏差)。

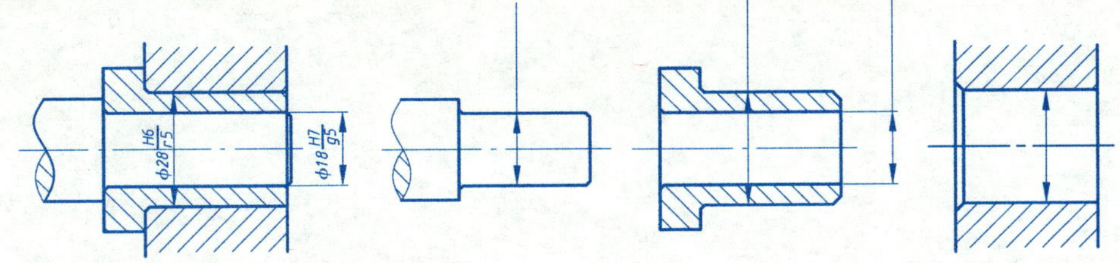

(4)画出 $\phi28H6/r5$ 和 $\phi18H7/g5$ 的公差带图。

9-1　读装配图回答问题

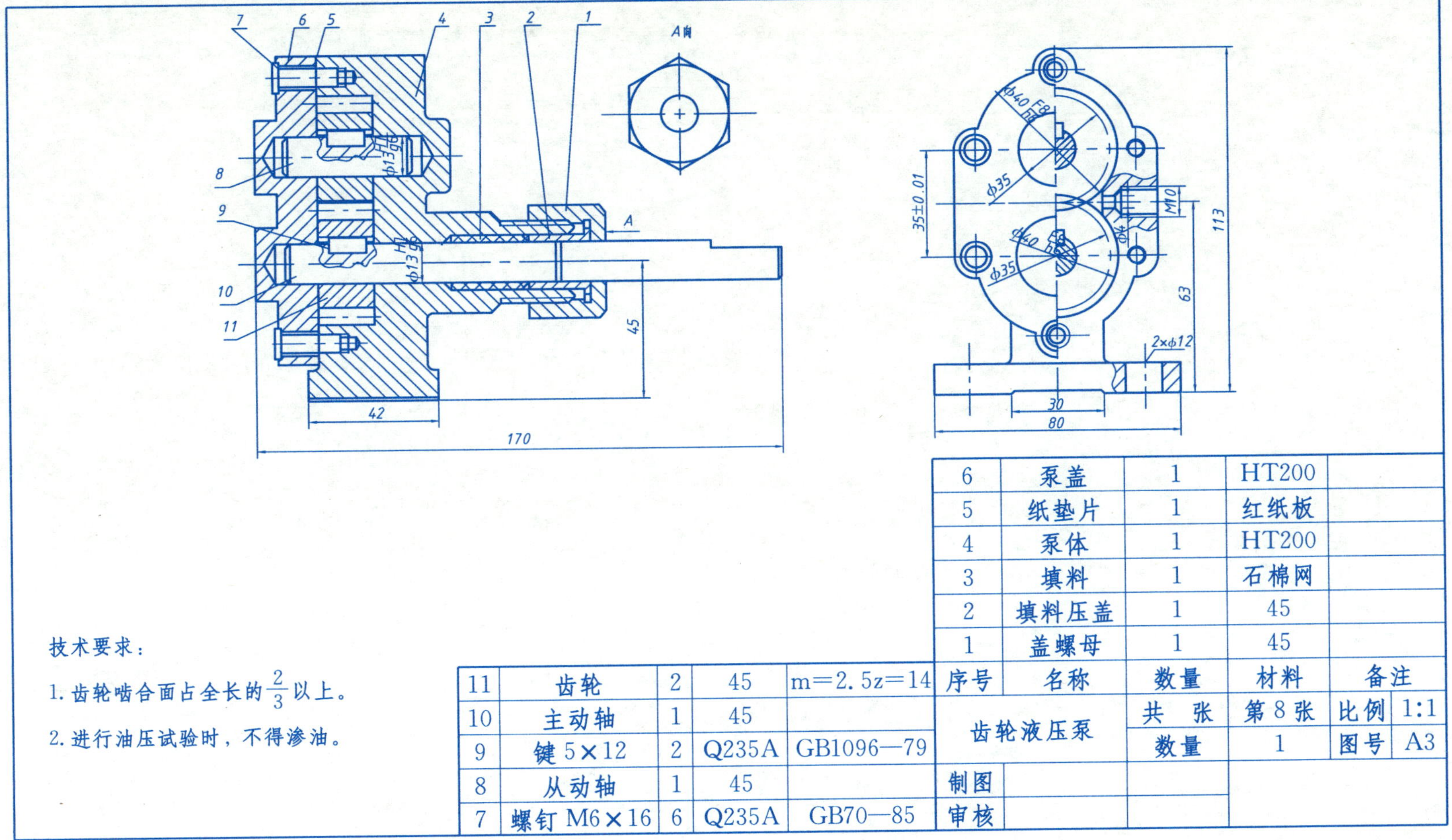

技术要求：

1. 齿轮啮合面占全长的$\frac{2}{3}$以上。
2. 进行油压试验时，不得渗油。

序号	名称	数量	材料	备注
11	齿轮	2	45	m=2.5z=14
10	主动轴	1	45	
9	键 5×12	2	Q235A	GB1096—79
8	从动轴	1	45	
7	螺钉 M6×16	6	Q235A	GB70—85
6	泵盖	1	HT200	
5	纸垫片	1	红纸板	
4	泵体	1	HT200	
3	填料	1	石棉网	
2	填料压盖	1	45	
1	盖螺母	1	45	

齿轮液压泵	共　张	第 8 张	比例	1:1
	数量	1	图号	A3
制图				
审核				

班级＿＿＿＿＿＿　姓名＿＿＿＿＿＿　学号＿＿＿＿＿＿

9-2　读装配图回答问题(续)

1. 该图的名称是____________,是由________种零件构成。

2. 该图采用了________个视图表达,其中主视图采用了________视图,左视图采用了________视图和________视图,其他视图称为________视图。

3. 分析装配图中尺寸,属于配合尺寸的是________,属于总体尺寸的是____________。

4. 解释 $\phi 13 \frac{H17}{g8}$ 的含义:____。

5. 当主动轴 10 转动时,将会通过________带动齿轮 11 转动,齿轮 11 带动从动齿轮转动。

6. 主动轴 10 的密封是由____________将____________压紧而实现密封的,压紧力可以通过________来调节。

7. 泵盖 6 和泵体 4 之间是通过________个____________连接在一起的,中间还加入了纸垫板是为了__________________________。

第十章　计算机绘图基础

10-1　绘制平面图形

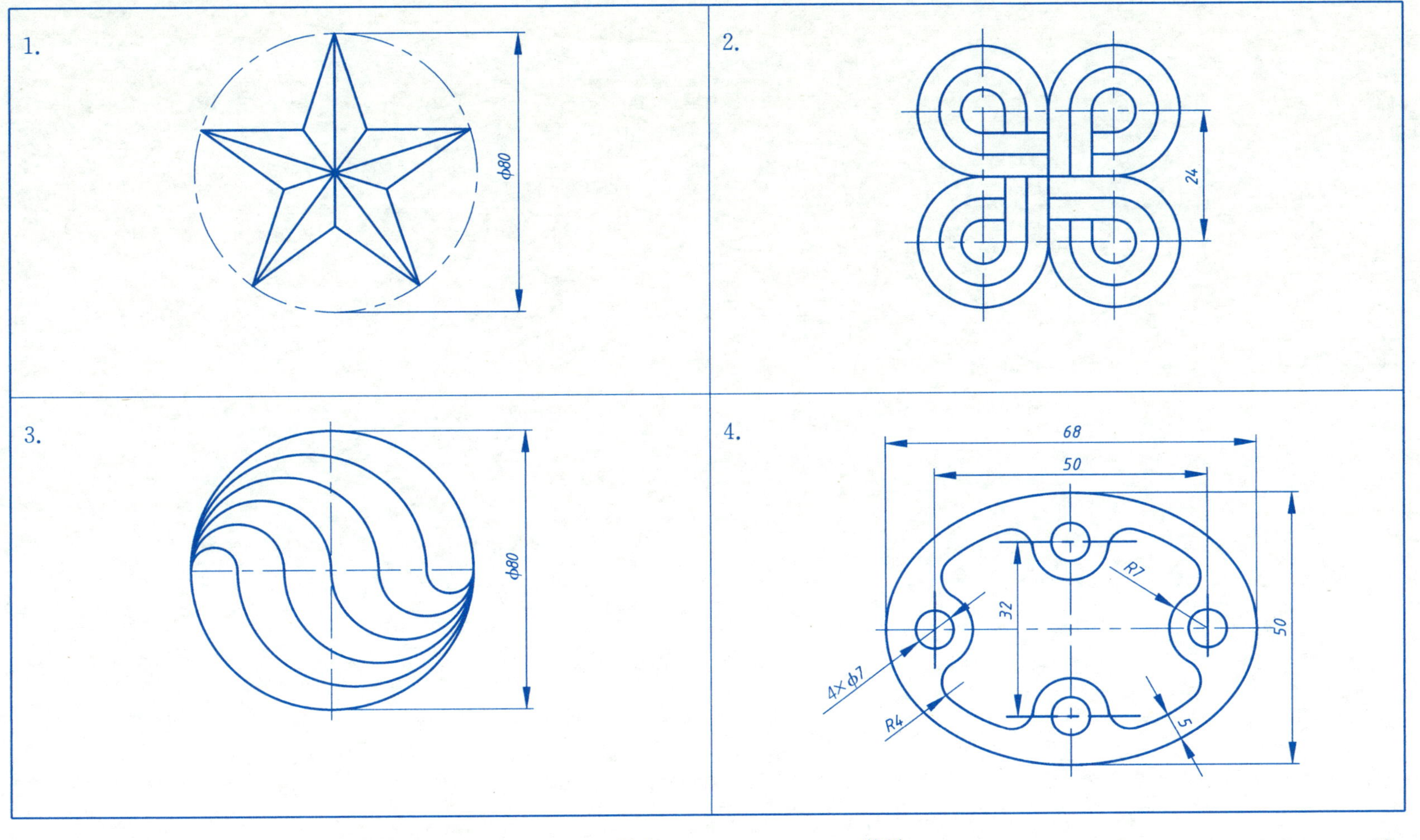

班级__________　姓名__________　学号__________

1.

旋转角度为15° 的单行文字，字高为10

旋转角度为30° 的文字

旋转角度为-30° 的文字

旋转角度为0° 的文字

垂直文字

倾斜角度为15° 的文字

倾斜文字123　倾斜文字123

文字倒置标注　标准文字

反向文字

宽文字　窄文字

2.

¥　$　#　&　Δ　§　$\phi30\pm1.5$　60°　90%

37℃　$\phi50^{+0.039}_{0}$　36 ± 0.07　日/月　$\phi60\frac{H7}{f6}$

m^2　m_2　$\phi50^{-0.009}_{-0.025}$　<u>中文版</u>

班级＿＿＿＿＿　姓名＿＿＿＿＿　学号＿＿＿＿＿

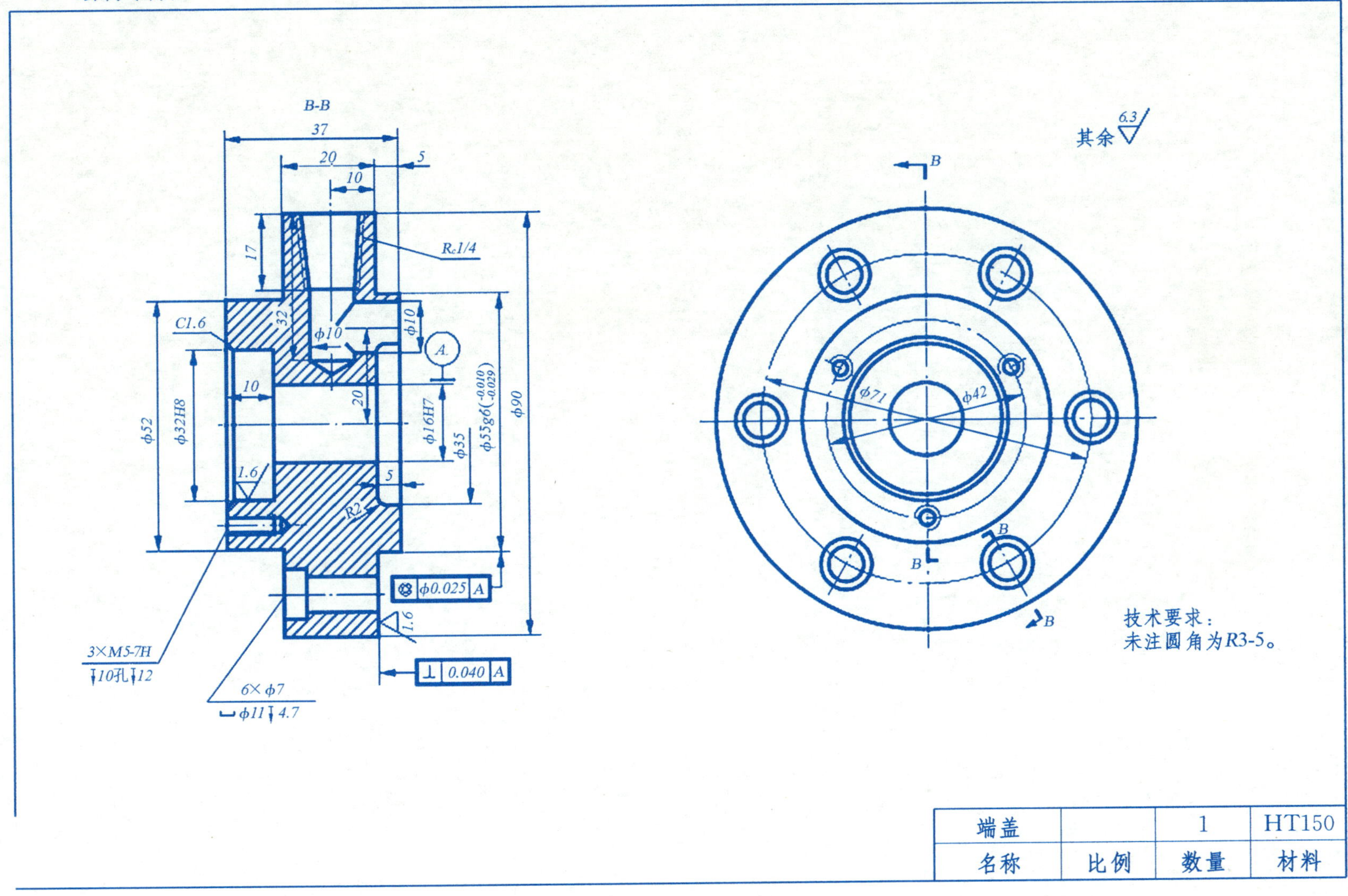

端盖		1	HT150
名称	比例	数量	材料

班级＿＿＿＿＿＿　姓名＿＿＿＿＿＿　学号＿＿＿＿＿＿